高等职业教育广播影视节目制作专业系列教材

后期影像剪辑技术

主　编　郭建伟
副主编　张丹丹　左　旼　房玉鑫

中国水利水电出版社
www.waterpub.com.cn
·北京·

内 容 提 要

本书是一本服务于后期剪辑技术和能力需求的教材，采用从剪辑理论到剪辑实践的编排方式，以真实典型的剪辑需求作为引向，以具体的剪辑工作作为教学案例，将制作过程进行分步讲解和分析说明，图文并茂地介绍了剪辑的基本逻辑，专业剪辑软件 Premiere 与普及性剪辑软件剪映的具体操作方法，以及它们的应用领域、常用功能、操作流程、制作技巧和实操中的注意事项。

全书由讲好故事逻辑、对话场景调度、Premiere 基础知识讲解、插件讲解和剪映软件的基础知识讲解 5 个项目组成，深入浅出地讲解了每个项目的实施步骤，使读者对剪辑的基础知识、镜头语言的逻辑性，剪辑与画面的调度，Premiere 软件中基础的关键帧动画、颜色校正、插件使用、剪映软件的使用方法等有了深入的了解，提高了实际操作能力、创意能力和综合应用能力，进而将所学知识与技能灵活应用到不同类别项目实践中。

本书可作为高等职业院校数字媒体艺术、网络直播与运营、新闻采编与制作等相关专业的教材，也可作为数字影视特效制作工作者及爱好者的参考资料。

图书在版编目（CIP）数据

后期影像剪辑技术 / 郭建伟主编. -- 北京 : 中国水利水电出版社, 2022.4
高等职业教育广播影视节目制作专业系列教材
ISBN 978-7-5226-0582-1

Ⅰ. ①后… Ⅱ. ①郭… Ⅲ. ①视频编辑软件－高等职业教育－教材 Ⅳ. ①TN94

中国版本图书馆CIP数据核字(2022)第051545号

策划编辑：石永峰　责任编辑：陈红华　加工编辑：张玉玲　封面设计：梁　燕

书　名	高等职业教育广播影视节目制作专业系列教材 后期影像剪辑技术 HOUQI YINGXIANG JIANJI JISHU
作　者	主　编　郭建伟 副主编　张丹丹　左　旼　房玉鑫
出版发行	中国水利水电出版社 （北京市海淀区玉渊潭南路 1 号 D 座　100038） 网址：www.waterpub.com.cn E-mail：mchannel@263.net（万水） sales@mwr.gov.cn 电话：（010）68545888（营销中心）、82562819（万水）
经　售	北京科水图书销售有限公司 电话：（010）68545874、63202643 全国各地新华书店和相关出版物销售网点
排　版	北京万水电子信息有限公司
印　刷	雅迪云印（天津）科技有限公司
规　格	184mm×260mm　16 开本　12.5 印张　281 千字
版　次	2022 年 4 月第 1 版　2022 年 4 月第 1 次印刷
印　数	0001—2000 册
定　价	56.00 元

前　言

伴随数字技术、网络技术在信息领域的广泛应用，媒介生态发生了颠覆性变革。新媒体不仅带来了全新的传播渠道和方式，也改变了传统媒体的生产流程。在新媒体中，影像生产与制作的门槛不断降低，公众可以借助剪辑软件，轻松地将自己拍摄的内容制作成型并上传到社交平台中，这无疑激发了公众学习剪辑软件的热情。目前，市面上剪辑软件琳琅满目，初学者应该如何选择？怎样才能快速上手剪辑出好的作品？这些问题都将在本书中找到答案。

本书打破了传统后期软件类教材的固定框架，以实际教学中学生的知识需求、技能操作需求为出发点设置章节，尤其注重培养学生的实操能力。书中，作者梳理了影视作品中常见的对话场景，总结了几种实用的对话镜头组合方式，旨在把对话场景剪辑模块化，帮助初学者快速上手。当对镜头组接逻辑有了基本的掌握后，本书重点介绍了两款剪辑软件的使用方法，一款是 Adobe 公司出品的专业级剪辑软件——Premiere Pro（简称 PR），适用于剪辑时长较长的作品；另一款是抖音官方推出的视频编辑软件——剪映，操作相对简单，适用于处理时长较短的作品。两款软件各有千秋，PR 是一款稳定且画面编辑质量较好的软件，兼容性强，可以与 Adobe 公司出品的其他软件相互协作，广泛应用于影视后期领域；2019 年 5 月剪映移动端上线，2021 年 2 月剪映专业版正式上线，其用户都将它称为“短视频剪辑神器”。剪映用技术手段对烦琐的视频剪辑功能进行了优化，不断降低了视频剪辑技术门槛。本书用两章详细讲述两款软件的使用方法，并提供了两个短视频分镜头案例，这对初学者来说非常实用。

本书由郭建伟任主编，张丹丹、左旼、房玉鑫任副主编。同时感谢在写作过程中提供帮助的同事和参与案例视频拍摄的张恒、徐茜、张雨婷、刘泽宇、李小龙、邢华宇、白广豪、党像波等同学，祝愿他们在今后的工作和生活中一切顺利，在专业领域中取得更大成绩；感谢中国水利水电出版社石永峰副编审在本书策划与写作过程中提出宝贵意见，特别是在编写思路与选题策划上给予的实用建议，使得本书能够更好地应用于教学。

由于编者水平及时间所限，书中难免会有疏漏和不足之处，恳请读者批评指正。

编　者

2022 年 1 月

目　录

第 4 章 插件讲解

第 5 章 剪映软件基础知识讲解

第6章　开拍

参考文献

第 1 章　讲好故事逻辑

本章导读

非线性编辑是目前主流的编辑方式。所谓非线性编辑，就是把不同时空的镜头按照一定的逻辑顺序进行排列组合的过程。用什么样的逻辑去排列、如何保证排列的合理性等在剪辑中起到了决定性的作用。本章将围绕镜头组接逻辑介绍剪辑的驱动方式和常见的问答剪辑模式。

1.1　关系驱动

当我们讨论故事逻辑时，其实就相当于讨论镜头的结构、段落和场景，结构影响故事内容的呈现次序，讲故事的步骤与内容的精确呈现同等重要。影视作品的结构可以用故事板来呈现，这是剧本所无法表达的，所有影像化的过程都可以看作是写作的一部分，最终体现于剪辑的过程。

使用问答策略的故事可以用多种方式进行呈现。一个问题可以通过许多细节的积累而得到解答，也可以在问题提出后快速而简洁地回答。事实上，以问答呈现信息的方式常常在故事里不同程度地发生着。无论电影、小说还是短篇故事，这种情况都是真实存在的。流畅剪辑就是建立在这类问答策略之上的，我们常把它们称为种种关系。下面介绍三种常见的关系类型。

（1）时间关系。前一个镜头是一个男人掉落水杯，后一个镜头是地上摔碎的杯子。

（2）空间关系。前一个镜头是教学楼的全景，后一个镜头是教学楼近景的细节，如前门或柱廊。

（3）逻辑关系。我们从教学楼的全景切至教师坐在办公室内的镜头。这种情况不需要前后镜头有时间或空间关系，只要我们认得教学楼也认得这名教师，就可以建立教师身处教学楼的逻辑关系，即使这里并没有确切信息交代人物身处校园之中。诚如你所见，这类关系创造了一个真实地、实体地的幻觉，我们可以把它看作是建立影视作品环境的背景关系，也可以用它来塑造情节和戏剧性内容。

1.2 问答模式

1.2.1 问答模式的案例

情节提要：故事场景设定在夏日校园，李明同学正在寻找他的好朋友大鹏。这时候我们还没看到大鹏，所以我们不知道他长什么样。

镜头 A：李明在校园内找人。

问题："大鹏在哪里？"

镜头 B：李明在明星广场空地前停留了一会儿。

新问题："他发现了什么？"

镜头 C：大鹏和一个女孩正在广场上打羽毛球。

回答："李明已经发现大鹏。"

这是很直接的问答剪辑模式，观众很容易预期结果。在下一个例子中，如果我们稍微改变其前后关系，先知道大鹏长什么样，镜头 C 就成了镜头 A 的答案，而且同时提出了新的问题。

镜头 A：李明在校园内找人。

问题："大鹏在哪里？"

镜头 C：大鹏和一个女孩正在广场上打羽毛球。

答案："大鹏在这里。"

新问题："李明会找到大鹏吗？"

镜头 B：李明在明星广场空地前停留了一会。

答案："李明找到了大鹏。"

现在，如果我们延长李明在镜头 B 抵达前的时间，观众就会与电影创作者共享一个秘密，即大鹏就在附近并处于弱势的立场。这种剪辑模式在问题之前就给出了答案，达到了制造悬念的效果。如此，我们可以借着改变镜头次序和调整前后关系来达到这种效果。

让我们再次改变故事的前后关系，这一次我们知道李明在找大鹏，但是观众不知道李明的模样。故事的背景是我们不知道大鹏身在何处，随着场景的展开我们才得到第一个问题的答案。

镜头 C：大鹏和一个女孩正在广场上打羽毛球。

答案："大鹏在这里。"

镜头 A：一个人在校园里四处张望。

问题："这是李明吗？"

镜头 B：李明在明星广场停留了一会儿。

答案：这是李明。

在片头将大鹏置于低姿态的立场，能为接下来的场景制造悬疑的气氛，当李明在第二个镜头进入观众视野时，就拉开了故事线索。

1.2.2 问答模式的其他类型

除了改变问答的次序和问答的模式外，还可以改变问答模式的节奏和时间，例如我们为几个镜头或几个场景保留部分或全部的故事信息，在一个镜头里提出一个以上的问题或答案，或者在一个镜头里将这些问题与答案联系起来，就会有下述几种情况。

问题可以在一个镜头中提出，但不在紧接着的镜头中回答，而是在几个镜头后回答。

系列 A：答案可以在前一个镜头里显示，而问题在后面才提出。

系列 B：利用单一镜头或系列镜头回答问题之前先用一系列的镜头提出问题并进行渲染。

系列 C：在一个或多个镜头里可以提出不止一个的问题，因此，在一个镜头或多个镜头里也可以提供不止一个的答案。

和前几个例子相比，最后一个系列在相同数目的镜头里包含的信息最多。这是对问答模式的放大，而这种策略的微妙运用可以在伯格曼、黑泽明、德莱叶和其他一些导演的电影中看到，他们运用这种策略去塑造心理情境，将观众卷入其呈现的困境中。

如果尝试把问答关系想象成被呈现出来的影像，那么镜头的连接关系就不像剪辑师所剪的影片那样平整地首尾相连，而是像一系列重叠的图片——如一叠呈扇形摊开的扑克牌。“镜头间问题与答案的关系使它们连接成一条交叠的链。”这一图片显示了一个系列中镜头间的叙事关系，每一个镜头都带着一些因果关系与下一个镜头连接着，有些镜头在叙事上比其他镜头突出，而有些镜头则留在背景中，不回答问题或提出新的问题，仅以额外的细节来支持现有的信息。

1.2.3 对精确叙事的限制

因为问答模式的叙事技巧常常以迂回的方式交代信息，所以当它被使用在电影剧本、分镜头表或故事板中时，这种间接的叙事可能会使一般观众产生困惑。编剧、导演和剪辑师也许倾向于避免使用不寻常的问答表现模式，因为他们都误以为这样会使观众对结果比较清楚，在场景开头使用经典交代镜头就是一个例子。比如，在一个场景结束时，我们了解故事中的角色正在学习表演，并前往剧院去代替生病的主角上场，那么，在下一场的开头，我们头一幕就会看见剧院。这种惯用的模式仅仅显示了观众已经有所预期的东西，对于提高期望值或加强叙事则没有多大用处。然而，如果以提出各种问题的不同镜头来介绍剧场，观众就会被卷入为这些镜头片段组织意义的过程中。可以参考下列镜头段落，作为一种介绍剧院的方式：

地上几张有褶皱的剧目单（特写），陈列在垃圾桶里废弃的影片（特写），一个大的广告牌，上面的字母都已被取下。

这是一种另类的讲故事的方法，它取代了用正面的剧院交代镜头开场或在剧院大门前张贴着“停止营业”标牌的传统做法，这两种做法都是我们熟悉的策略。这里要教授的不是特定的解决方案，而是叙事时应在每一点上都将观众卷入故事中的整体观念。

由于故事的剪辑模式日趋复杂细致，若无值得考虑的计划，执行上就会显得更加困难。我们已经看到，具有挑战性的剪辑模式，往往意味着从一个镜头接到另一个镜头时问题与答案是相互重叠的。这种镜头间精确的交互关系很容易将剪辑限制在一种特定的方案里。换句话说，未被使用的剪辑方案几乎都成了后备方案。就某种意义来说，老套的剪辑模式很容易被换掉，这完全是因为它们缺乏复杂的问答策略的连接关系。接下来，我们就进入到了拍摄备用镜头的问题上。

1.3　剪辑的初步探讨

1.3.1　机上剪辑与备用镜头

一个进展完整的故事板，可以显示导演在某一场景中需要的所有镜头。如果导演和摄影师完全按照故事板拍摄，那么影片的长度完全可以预估出来。之后，剪辑师只需来回修剪，使它们紧密地结合在一起。这种拍摄方法称为机上剪辑，它是以一个完美的剧本、完美的故事板和对每个镜头的完美执行等为前提的。

另一种看法是，这套系统通常以摄影机的三角机位配置为基础，它被称作备用镜头。备用镜头的每个动作都要用多个机位来拍，借以保证剪辑时可以剪出合理的片段。对全景、中景和特写进行公式化的选择，通常足够应付任何一个场景。

一旦场景的光打好，演员走位走好，并且交代故事所需的必要镜头也拍摄完成后，导演和摄影师的态度通常是“我们既已在这里，何不拍些备用镜头，以防万一。”每个影视工作者都会知道这是多么实际的事，因为相较于为场景打光和调度演员走位所花的时间，移动摄影机，拍个备用镜头，可以说是相当快速的。

备用镜头还有一个用途是，运用最可能多的机位充分表现一个完整的动作，尤其在拍摄对话场面时最有用，即使导演只希望使用一条镜头的一小部分。例如，故事板上的设计是，一位父亲正在对他的小孩说话，而且只有他一个人喋喋不休，故事板里父亲在一个三人镜头中，摄影机推镜头经过小孩，然后结束在父亲的特写上。整场戏在一个长镜头中完成。虽然创意团队之中每一个人也许都认为这场戏应该这么拍，但仅依赖这一个镜头，而不同时拍几个小孩的反应镜头，将会是一个不明智的做法。如果导演拍了反应镜头，一旦之前的长镜头发现出了什么问题，他们就有后路可走，这是一种比较保险的做法。

影视工作者技术学习的一部分就是学习一种感受力，它能让你判断什么在摄影机面前才是有效的。每个导演都难免给自己留些犯错的空间和弥补错误的机会，但若事前知道什么是有效的，就意味着剪辑时能够充分利用可用的镜头。

到目前为止，本章已经为影视工作者集中探讨了剪辑问题，强调了叙事方法和叙事运动。而这些为影视剪辑师提供完整剪辑技巧以及剪辑室工作步骤的讨论可以在后面章节找到对应。无论如何，对这些技巧进行简要的概述相信对任何一个影视工作者开展拍摄工作都是有价值的。

1.3.2 动接动剪切

假设有一个“魔法师”手持法杖从原地跳起，然后消失实现空间穿越，如图 1-1 和图 1-2 所示。第一个镜头包含了整个动作的发生过程，现在我们决定在某个点上给他添加特效使其穿越，下面是三种选择：

（1）可以在“魔法师”向下蹲起离地之前切到特效镜头。

（2）可以在“魔法师”跳跃的中途切到特效镜头。

（3）可以在“魔法师”跳起到达最高点之后切到特效镜头。

图 1-1 空间穿越

图 1-2 空间穿越

这些都是可以被接受的剪辑点，但流畅剪辑风格的普遍做法是将剪辑点放在动作发生之时，而非其他动势节点。这样可以隐藏剪辑点，使镜头的切换近于无形，而确切的剪辑点则依赖于主体的特性和剪辑师对动作的感觉。

动接动剪切几乎被运用到所有情况，不论镜中人物是拿起报纸展开读报，或仅是转头或移动他的眼睛，都要对这些重要剪辑策略小心运用，以把剪辑点隐藏在两个交叠的摄影角度间。

1.3.3 出镜与入镜

当镜中人物进入或离开画面时，常见的做法是切在人物仍停在画面内时的部分。如图 1-3 和图 1-4 显示了人物在出点与入点镜头中的位置，视频画面的效果是要使剪辑更流畅和加速动作的流动。

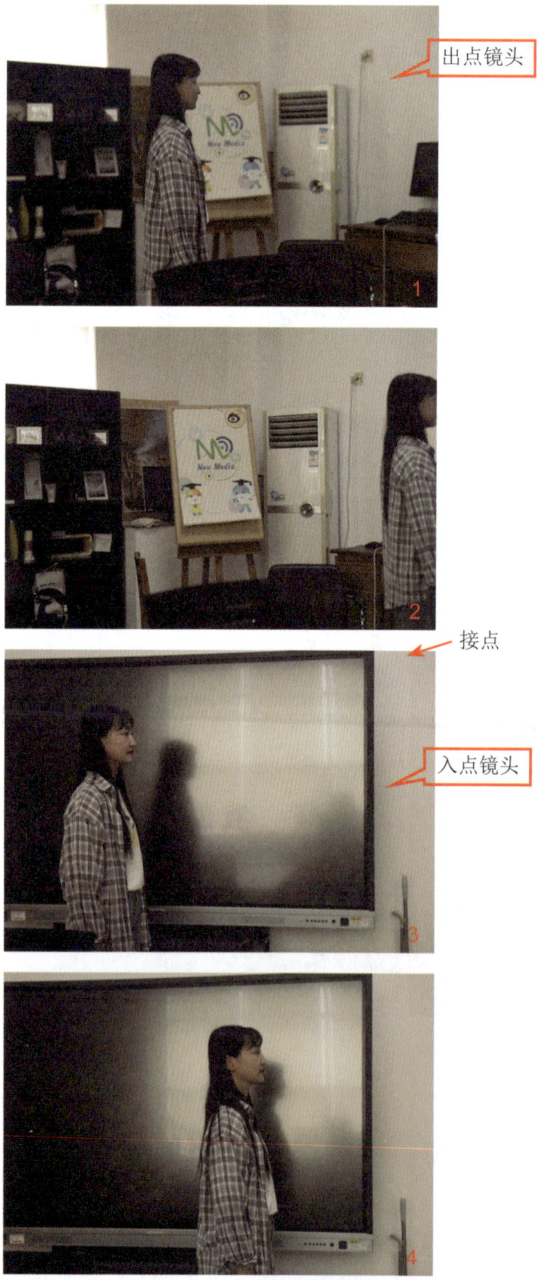

图 1-3　在人物仍停留在画面时剪切

图 1-4　利用出点镜头的空镜头入境

习题 1

1. 根据问答模式的案例解析完成三种场景的拍摄。
2. 请设计一组动接动剪辑的场景，要求至少三个镜头。

第 2 章　对话场景的调度

本章导读

对话场景是剪辑中经常遇到的一个问题，对于初学剪辑的人来说，从哪个角度获取想要的镜头并运用到作品中至关重要，能否获得好的镜头直接影响剪辑质量。如何快速获得所需要的镜头画面呢？在本章中，作者梳理了日常生活中常见的对话场景，挑选了影视作品中常用的对话镜头表现形式和镜头组合方式，试图把对话场景剪辑模块化，帮助剪辑初学者快速上手。

2.1　常用对话调度

2.1.1　调度的基本概念

在艺术领域，一种将场面调度具象化的方法，技巧多半是一种强化后的感知能力。比如，在音乐里，意味着学习听的更精确；在影视作品里，意味着学习看得更精确。影视作品的画面特别依赖对空间的记忆与辨识，养成一种可以学习和磨练的技巧，这将是本章我们希望大家达成的学习目标。

首先，需要了解一些关于镜头和演员位置的基础词汇。通识的行业术语能满足影视创作者前后一致地使用那些元素，然而这套公式化的方式并不仅仅提供了固定的解决方案。接着，了解人们对话时的基本位置，并熟悉拍摄他们的摄影机机位，能为创作者打下牢固的基础，从中你可以即兴打破规则和冒险创造，同时满足你对演员、剧本和个人影像的基本创作。这个组织空间的方法由以下五个基本领域组成：

（1）调度固定的演员。

（2）调度移动的演员。

（3）利用画面的深度。

（4）调度摄影机运动。

（5）同时调度摄影机运动和演员运动。

要看的第一个单位就是双人调度模式。在照片组成的例子里，可以比较摄影机角度、镜头和剪辑模式，这样我们可以了解一点微小的调整如何改变了观众对场景的认知。一旦建立了双人对话的调度模式，就可以将这种类似的原则运用在三人和四人的对话情景中，后面章节我们会逐一讨论。

在进入真实的例子之前，我们首先应该回顾一下故事片中存在的各种基本调度传统，并保留一种态度：它们仅仅代表现场导演的镜头设计想法之一，而非对种种可行方案的限制。

2.1.2 面向观众原则

这是西方艺术的基本传统，面向观众只是一种表达方式，说明画面中的主体倾向于面向观看者，或者在影视作品中是指面向摄影机。影视作品中许多场面调度的安排基本上是面向前方的，即对话中的人物倾向于面向摄影机，而非面向彼此。这种安排身体位置的方式在真实生活中并非没有先例，只是在影视作品中常常为了摄影机的需要而进行调整。

让演员面向前方的场景可以用一个主镜头完成。然而，如果有一位演员从摄影机方向转开（部分地或完全地），就需要多于一台的摄影机才能看到两位演员的脸。这就代表了两种主要的剪辑手法：一种是演员面对单一的摄影机机位，另一种是把多台摄影机的视点剪辑在一起。

2.1.3 调度系统

除非创作者花大量的时间训练，使自己能预先看见所有机位和演员位置的可能性，否则他通常都得依赖几种多功能的策略来应付所有的状况。如果他给演员更大的自由，可能会产生有趣的新方案，但这需要在拥有一套稳定的摄影机调度方法的前提下，否则制片程序迟早会破坏他的创作实验。创作者会发现，他和摄影师、制片人发生了冲突，因为他们都不明白为什么一直在调度场景，结果导致了时间的损失，最常见的损失就是演员的自发性。

这位创作者所缺的技巧是将演员和摄影机在空间里影像化的能力和将这些元素形成的构图可视化的能力，而这就是调度系统派上用场的地方。

2.1.4 字母模式

从这里开始我们将要使用的调度系统是辨识演员位置的两种分类：形态与位置。我们先讨论形态部分。

1. 形态

画面中共有三种基本的人物摆放模式，我们称它们为A形态、I形态和L形态，从上方看去，人物排列类似于这几个字母的形状。

这种形态的重要性在于，依据动作轴线，它们是安排演员最简单的方法。因此，调度系统适合摄影机位置。

正如你在图 2-1 中看到的，A 形态和 L 形态是需要三个或更多的人来完成字母的形状。而唯一针对双人对话的安排是 I 形态。

A 形态　　I 形态　　L 形态

图 2-1　对话场景的人物形态

2. 位置

这是指人物在某种形态中所面对的方向，而在任何一种形态中可以有许多不同的位置。

最重要的是位置与画面的构图有关，这就是说，一旦摄影机决定拍摄某种形态，那么对演员更细微的安排（他们在画面中所面对的方向）就决定于他的位置。一位有经验的导演会同时考虑形态和位置，但在开始的时候把它们当作不同的概念会比较容易理解。图 2-2 展示的是两种典型 I 形态的人物位置。

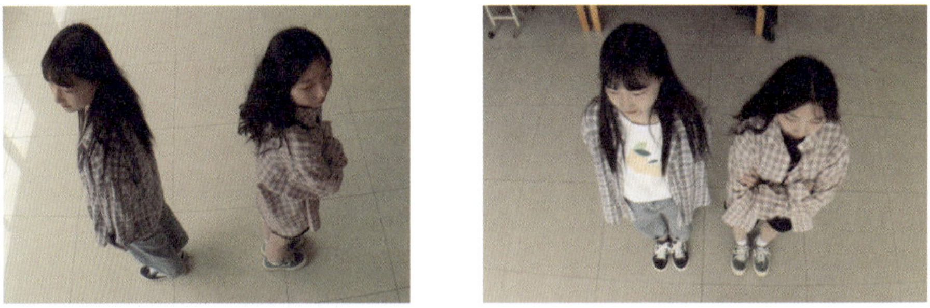

图 2-2　对话场景的人物位置（以 I 形态出现）

需要注意的是，在我们的系统中双人对话的 I 形态是基本的建构单位。这是因为动作轴线每次只能在两人之间建立起来，当对话场景中若超过两人，动作轴线就会移动。这一点对于创作者而言是有利的，因为我们只需要学习双人对话的位置就能应用于多人的场合。从摄影师的角度来看，只要在有一系列的特写和单人镜头时，I 形态就也可以出现在 A 形态和 L 形态中（对照图 2-2 仔细理解重点体会）。

2.2 对话场景调度

2.2.1 双人对话场景调度

1. 位置一（面对面）：侧拍镜头

双人对话最基本的位置就是面对面，肩膀互相平行，第一种拍摄选择就是从侧面拍人物，如图 2-3 所示。

图 2-3 位置一（面对面）：侧拍镜头

就构图而言，这种调度能使人物产生强烈的对立感。在这种位置中，我们看不到太多演员的表情，除非构图非常的紧。如果使用了某个人的特写，摄影机常常会再反过来拍摄过肩镜头，当然也可以选择拍摄个人的侧面特写镜头。

2. 位置二（面对面）：过肩镜头

下一个系列显示了经典的以过肩镜头的方式构图的正拍和反拍镜头模式，这些应该是出现在图 2-3 中的侧拍镜头之后合理的衔接镜头里。虽然过肩镜头通常是成对拍摄的，并维持一致的镜头与取景方案，但大小不同的成对镜头也可以被剪辑在一起。不过，在一场连续的对话中，将大小匹配的镜头（景别）衔接在一起才是比较普遍的处理方式。

在景框构图较紧的情况下（如图 2-4 所示），过肩镜头有两种主要的策略。画面 3 和画面 4 涵盖了前景人物的整个头部，在画面 5 和画面 6 中，几乎有三分之一到二分之一的画面被遮掉，让面向我们的演员成为画面的中心，对观众而言带有强烈的指向性。

图 2-4　位置二（面对面）：过肩镜头

3. 位置三（面对面）：远摄镜头的过肩镜头

在下一个过肩镜头系列里（如图 2-5 所示）仍然使用位置二的调度系统，镜头的长度从 120 毫米开始，增加至 200 毫米，其结果是显然易见的。你会留意到这是第一次真正的“过肩”镜头，因为我们看见画面所框取的是人物的肩膀和脖子部分。远摄镜头加上紧凑的构图，制造了比广角镜头更紧密的感觉。

图 2-5　位置三（面对面）：远摄镜头的过肩镜头

4. 位置四（面对面）：低角度反拍镜头

另一种关于位置一正反拍模式的版本如图 2-6 所示，也可以称为过肩镜头。这种角度位置容易使人物处于对立的关系，画面 1 和画面 2 只是轻微的仰拍，并不如画面 3 和画面 4 那样厉害地分离人物的关系。在画面 5 和画面 6 中，为了让前景人物失焦，镜头的焦距长度被加长了（100 毫米），因此强调了后景的人物（在这里如果想要增加前景虚化效果可以适当拉大对话人物间的距离，采用借位的手段达到我们想要的画面效果）。

图 2-6　位置四（面对面）：低角度反拍镜头

5. 位置五（肩并肩）

这基本上是正面的拍摄位置（如图 2-7 所示），提供了比其他位置更多的选择，因为演员的正脸或侧脸可以出现在同一个镜头中。在我们的例子中，演员面向前方，看着桌子上的文件袋，但当他们说话的时候就成了侧脸面向摄影机。

画面 1 至画面 3 是明显的双人镜头，虽然第一个画面对于对话场景来说宽松了些，但它们中任何一个都可以被当作主镜头。当我们看着这些画面时，试着想象一个对话场景，会发现画面的大小会影响你对场景的观感。也可以把它当作是一种反向思考的练习，因为我们最常碰到的是相反的情形：为剧本中的场景构思镜头。

画面 4 至画面 6 展示了一个实际的段落，由画面 4 双人对话的侧面镜头开始，然后切到画面 5 和画面 6 人物侧面的特写，摄影机是要移进拍摄特写的，但仍然是以开场双人镜头的视角来拍摄。

在画面 7 至画面 9 里，以双人中景开场，这一次移动摄影机至人物的边缘，以正拍与过肩反拍的方式取代了前一场景的双人镜头。遗憾的是构图并不是我们所希望的那样饱满。如果这是我们事先知道的故事板，那么构图应该更紧凑一些才好。

在最后一个系列里，画面 10 至画面 12 是以主镜头开场，接着是两个特写。这次以一个斜角的双人镜头开始，然后摄影机移至侧面，拍摄正反拍的特写。把它和前面在画面 5 和画面 6 所使用的侧面特写对比，我们会注意到新的特写能产生更强的现场感。这是因为特写中的人物望着我们（摄影机）的方向，就某种意义而言，它把我们也卷入场景中。

图 2-7　位置五（肩并肩）

6. 位置六

这个基本的调度把人物安排成 90° 角的位置（如图 2-8 所示），这是介于位置一面对面方式和位置二肩并肩方式之间的折中办法。演员的姿态比较轻松，不属于争吵或亲密对话的姿态，这种轻松的关系让两人不必互相对看，而且头的位置也不一样。

在画面 1 和画面 2 双人 45° 角的镜头里，面向摄影机的演员处于较有利的位置。这种机位和过肩镜头类似，而且我们期待在第二个镜头里看到演员的反拍镜头。

画面 3 和画面 4 的双人镜头将演员放在一个平等的基础上，所以在没有使用特写或反拍镜头的情况下，选择它们作为主镜头是合乎逻辑的。另一种方式，就是让第二个位置的演员转向摄影机，以获得相等的反拍镜头。就如任何 I 形态一样，可以使用过肩镜头和特写，虽然这会迫使人物形成更接近于位置二的直接关系。其中一种维持斜拍角度的方法是，将双人镜头拍得很紧（亲近），将两人之间的距离拉近，画面 5 就是这种位置的正反拍镜头。

图 2-8　位置六

7. 位置七

从位置四开始，将讨论能创造张力的调度方法。在所有的情况中，这种张力都是因演员无直接目光的接触而产生。一个女孩的眼光从她的朋友身上转开，因而创造了强烈的疏离感。使观众处于优势地位，因为我们可以看到男生看不到的画面，即女孩对他的话作出的反应。

在景深之中进行场景调度，明显会拉近我们与其中一位演员的关系，这是以场景面向观众为基础的对视点的明确选择，这种场景调度的反拍镜头会彻底地改变它原来的视点。如果想与演员保持一种较中立的关系，那么我们还有其他的也许是更好的方法可以使用。就如你所看到的，在这种调度中我们并没有使用任何反拍镜头，因为演员基本上都是自然面向观众，如图 2-9 所示。

画面 1 的双人镜头，是用 30 毫米镜头拍出的有深度的画面，结果是前景的演员呈现出略微的变形，而后景的演员似乎遥不可及，虽然他们之间的距离只是一张桌子的长度。

画面 4 至画面 6 是稍加修饰后的版本，开场的双人镜头画面较松，给了观众一些呼吸的空间。画面 5 的特写镜头也拍得较宽（几乎是一个中景），使画面感觉较为轻松。画面 6 是一个低角度的特写，将它与画面 3 对比，从情感上会表现出两种截然不同的效果。

图 2-9　位置七

8. 位置八

这种戏剧性的场景调度为了达到效果而舍弃了演员之间目光的接触（如图 2-10 所示）。这种调度的价值在于它的明确性，就某种程度来说，它和肩并肩的双人镜头是相关的，差别在于纵深调度会鼓励观众认同前景的演员。对这种机位的感觉是，过分剪辑会破坏场景的完整性。

在画面 1 中，我们从这个机位看到的是一个全景镜头，但画面 2 可能才是主镜头最好的距离。在这种调度方法里，如果两位演员都需要维持在画面内，后景的演员可以有移动、踱步、转身或暂时离开画面的空间，而前景的演员却必须被限制在较小的空间内。画面 3 和画面 4 显示了我们认同人物的方法，即通过调度镜头中两人所处的不同位置拉近我们和前景男孩的亲密关系。如果这里用到剪辑，那么画面 5 和画面 6 则保持了疏离的感觉。

图 2-10　位置八

9. 位置九

我们以这种思路继续拓展演员目光互不接触的场景调度（如图 2-11 所示）。因为两位演员都往镜外不同的方向望去，所以观众的注意力被分散在后景和前景的演员间，这种位置产生了一种随意的、轻松的戏剧效果。请注意后景的演员正望向前景的演员，这会引导观众的注意力指向前景的演员，而将镜头连接成一个整体（此时便是剪辑点）。

我们可以把这个系列当成特写镜头的比较，中间男人的特写是一个很好的例子，它帮助我们看到景别对电影段落空间统一性做出的贡献。学着在画面上移动你的眼睛。阅读故事脚本就是用眼睛进行剪辑，当我们有实际的场景去想象时，这个步骤会变得更为容易。

图 2-11　位置九

10. 位置十

接下来的三个段落是演员处在不同高度上的一种调度（如图 2-12 所示），这通常意味着紧凑的双人镜头多半是以高角度或低角度拍摄的，虽然较宽松的画面不一定如此。在此系列中没有反拍的镜头，尽管它也是一种可行的变化方案。

这些镜头中的任何一个都可以和其他镜头组合，但每种组合都呈现一种略微不同的感觉和空间感。训练在影视段落中预测镜头间关系的技巧将能帮助我们组织更加丰富的镜头。

图 2-12　位置十

图 2-12　位置十（续图）

仍有许多双人对话调度上的变化是我们未曾讨论的，但几乎所有的可能性都具备至少一种前面展示的位置所涵盖的基本法则和情感特色。重点并不是要我们记住所有可想到的关于演员和摄影机的调度，而是要强化我们对构成一个镜头关系的感知。

2.2.2　三人对话场景调度

1. A 形态版本一

如图 2-13 所示，画面 1 是此形态所有机位的组合中唯一能让我们看清楚每一个人的机位，这使得它成为主镜头最主要的选择。

在一组画面中，继开场的主镜头之后，使用了几个单人镜头（若干中景和一个特写）。这产生了两种结果：第一，它容易分割空间；第二，它使我们在同一个镜头里无法同时看到说话的和在倾听的演员。后面可以把它与下一段落作对比。

在下一个六格画面里，运用了过肩镜头来统一空间。在交代镜头之后，整场对话可以很轻松地用过肩镜头来处理，偶尔使用三人镜头或双人镜头来变化一下节奏。可以看到，过肩镜头构图的方式正如我们在处理双人对话场景时的调度一样。在前一章所介绍的 I 形态中各种过肩镜头的变化全部可以应用在这里所讨论的调度中（观图顺序：从左到右依次观看）。

图 2-13　A 形态版本一

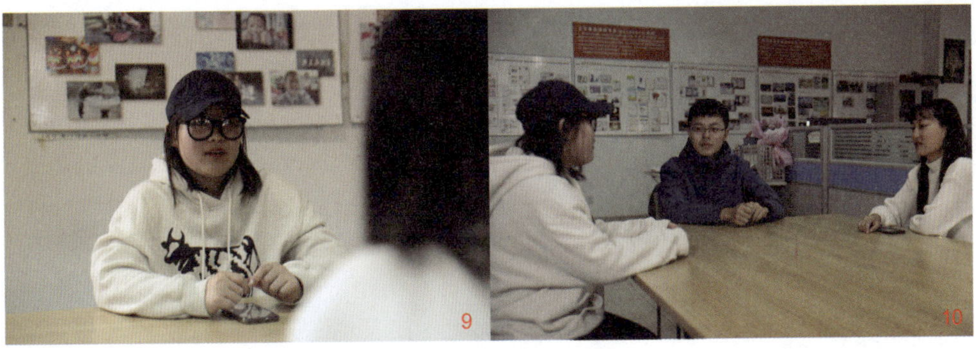

图 2-13　A 形态版本一（续图）

2. A 形态版本二

这种 A 形态的调度（如图 2-14 所示）直接让双方对立的人物正面相向，如在访谈或正式的会议中经常被使用。这是一种非常普遍的调度位置，不论演员是站着还是坐着。请注意画面 1 里男孩的视线是非常接近摄影机的，这使他与观众发生一种直接的关系。画面 2 里我们看到两个女孩的侧面，女孩看起来似乎是倾听者，而男孩则位于权威的地位上。画面 3 保留了这种关系，即使我们看不到男孩的脸，因为如果两位女孩之一有任何重要的话要说，出现的将不是这种高角度的镜头（观图顺序：从左到右依次观看）。

在画面 7 和画面 8 里，你会发现当男孩不是正向面对镜头时，他的现场感减弱了。之前他是施令者，现在他处于被动的地位。如果我们以女孩面对摄影机的画面开场镜头 3，接下来是如画面 7 中男孩的侧面镜头，那么女孩将处于权威的地位。

图 2-14　A 形态版本二

3. L 形态版本

这里看到的是 L 形态的典型运用（如图 2-15 所示），从斜角拍画面 1，移至画面 2 低角度的过肩镜头。实际上我们看到的是男人手臂的一部分，而不是他的肩膀，但它保持了开场镜头里空间的一致性。然后切到两个特写，请注意透过景别和摄影机角度的变化从这四个画面所创造出来的节奏。前三个画面逐渐变得越来越紧凑，然后切到画面 4 的特写。

画面 5 至画面 7 显示了如果只使用三人的过肩镜头段落会呈现什么样貌。整个对话场景都可以这样拍，虽然画面 6 可以拍得更紧一些。大体而言，这个段落感觉上比上个段落显得轻松稳定。

图 2-15　L 形态版本

习题 2

1. 请根据位置六的镜头组合设计一段台词并完成拍摄。
2. 请以三人吃泡面为题设计一段分镜（至少 7 组镜头）。

第 3 章　Premiere 基础知识讲解

本章导读

通过前两章的学习，相信大家对镜头的组合方式已有初步了解，当再遇到两人或三人对话剪辑时，头脑中应立刻浮现出多种镜头组接方案。接下来，我们将正式进入“剪辑阶段”，通过一款非线性编辑软件——Premiere 完成影片的剪辑工作。Premiere 是 Adobe 公司出品的一款专业剪辑软件，也是初学者常用的一款剪辑软件。

本章首先介绍一些视频数字化环境下常用的概念，方便大家更好地理解软件里的相关参数，随后对软件的工具、导入、保存、剪辑等进行细致的讲解。

3.1　基本应用

3.1.1　基础知识讲解

常言道：“工欲善其事，必先利其器。”在正式进入软件学习前我们需要了解一些有关视频剪辑的基础知识和专业术语，这对我们学好后期剪辑大有裨益。

1. 电视制式

电视信号的标准也称为电视制式。目前各国的电视制式不尽相同，一般国际上常用的制式有以下三种：

- Nation Television Systems Committee：简称 NTSC 制，采用这种制式的国家有美国、加拿大、日本等。NTSC 制的电视系统规定每秒 30 或 29.97 帧图像，帧速率为 30 帧 / 秒和 29.97 帧 / 秒，场频是 60Hz 和 59.94Hz。
- Phase-Alternative Line：简称 PAL 制，采用这种制式的国家有中国、德国、英国和北欧一些国家。PAL 制的电视系统规定每秒 25 帧图像，帧速率为 25 帧 / 秒，场频为 50Hz。
- Sequential Couleur Avec Memoire：简称 SECAM 制，采用这种制式的国家有法国和东欧的一些国家。SECAM 制的电视系统规定每秒 25 帧图像，帧速率为 25 帧 / 秒，场频为 50Hz。

不同制式之间的具体差异不仅在于帧速率和画面大小的不同，还在于信号的带宽、载频、色彩空间的转换关系等。目前，我国采用的电视制式是 PAL 制，因此剪辑时应建立与 PAL 制相匹配的序列。

2. 帧与帧速率

帧（frame）是电视的一个概念，就如前面所提到的，在显示设备上看到的视频都是由一幅幅静态画面组成，我们之所以会看到连续的影像，是因为人眼具有视觉暂留的特点，即当眼前的画面消失时，人眼中的画面不会立刻消失，图像还会在眼睛中继续停留一段时间。科学家通过研究发现，当每秒播放的画面数量达到 12 张以上时，人的眼睛就会明显感觉到画面的运动感。帧速率（fps）就是每秒播放的帧数。下面介绍几种常用的帧速率规格。

- 电影：每秒 24 幅画面，对于电影而言，严格说应该称之为格，即每秒 24 格。
- PAL 制：每秒 25 幅画面，即 25fps，每秒 50 场，称为场频。
- NTSC 制：每秒 30 幅画面，即 30fps，每秒 60 场。
- 网络视频：每秒 15 幅画面，即 15fps。

3. 画面宽高比

这是个比较容易理解的概念，就是在拍摄或制作影片时画面的长度和宽度之比。以电视为例，画面宽高比主要有两种：16:9 和 4:3。从人体工程学的角度看，16:9 的画面更接近于人眼的实际视野，因此市面上基本以 16:9 的屏幕为主，如笔记本电脑的尺寸。

4. 视频编码

在剪辑时，经常出现视频素材无法导入软件进行编辑或导入后有声音没视频等问题。一般而言，都是因为素材编码的问题。说到编码有些人可能会认为，就是我们在日常生活中下载电影时经常会碰到的 DVD、RMVB、WMV 等，其实这些都不能叫做编码，只能称之为视频格式。

编码其实就是一种视频的压缩标准，比如我们在制作影片时输出的是 PAL 制无损 AVI 的视频，每秒的数据量为十几兆，这种大小显然不适合在网络上进行传输和播放，需要在上传前进行一定的压缩，以改变文件的大小。这里提到的压缩，其实就是一种转化编码的过程，选择一个高压缩比的编码可以得到比较小的数据文件。现阶段视频传输中最为重要的编码标准有国际电联（ITU-T）制定的 H.261、H.263、H.264，运动静止图像专家组（Motion Picture Experts Group）的 M-JPEG 和国际标准化组织（ISO）制定的 MPEG 系列标准。在互联网上被广泛应用的还有 Real-Networks 的 Real Video、微软公司的 WMV 和苹果公司的 Quick Time 等。前面提到的 RMVB，严格意义上说应称为格式，而不是编码。

5. 图像格式

在使用 PR 软件时经常会用到一些图片素材，下面就简单介绍几种常见的图像格式。

- BMP：微软公司制定的标准位图格式，以像素来描述图像，质量高，文件稍大。
- JPG：国际通用的图像压缩格式，在网络上应用非常广泛，也是目前数码相机默认的生成格式，缺点是不支持透明通道。

- AI：Adobe 公司出品，Adobe Illustrator 的标准文件格式，矢量图形，以路径描述图像，在 AE 中可以保留原有的矢量信息。
- PNG：支持 24 位图像，是为代替 GIF 格式而开发的图像格式，高压缩，支持透明通道。
- GIF：网络中常用的图片格式，支持透明和动画，但由于只支持 256 色，所以很少在视频软件中使用。
- PSD：Photoshop 专用格式，可以很好地与 AE 或 PR 软件进行结合，并支持分层。
- TGA：被国际上的图形图像工业广泛接受，质量高，支持透明通道，是计算机生产的高质量图像向电视转换的首选格式。

6. 视频格式

下面给出常用的视频格式及其说明。

- AVI：Microsoft 公司制定的一种视频格式，是 After Effects 和 PR 软件中最常见的一种输出方式，优点是图像质量好，缺点是文件太大。
- RMVB：是 Real 公司主推的格式，可提供高压缩比，但很多后期软件不支持该格式的编辑，需要转码使用。
- MPEG：DVD、VCD 等的常用编码，应用非常广泛，但其算法不是针对软件编辑，一般转码后使用。
- MOV：苹果机上的标准视频格式，能被大多数视频编辑软件识别，并可以提供文件容量小、质量高的视频，默认播放器为 Quick Time Player。
- WMV：高压缩比，在 PC 机上可读取，与编辑软件的兼容性也较好。
- FLV：是 Adobe 公司主推的网络流媒体视频格式，高压缩比，需要转码才能在编辑软件中使用。

虽然 After Effects 或 PR 软件能识别的素材较多，但导入前也应该注意以下问题：

（1）确定导入图片文件的色彩模式为 RGB 模式。

（2）安装包括 Quick Time 在内的多种编码器和最新的 Direct 媒体包，否则有些格式的文件不能正确地导入到软件中。

（3）尽量不要使用从网络上下载的视频，其压缩比较大，影响影片效果。

（4）需要在软件中互相导入素材时，建议视频输出为 TGA 序列模式。

7. 音频格式

音频文件也是制作影片时常用的素材，下面对一些常见的音频格式进行简单介绍。

- WAV：是微软推出的一种声音文件格式，被大多数应用程序支持，采用不同的采样率其音质也会不同。
- MP3：是一种有损压缩的音频文件格式，压缩主要是过滤掉人耳不太敏感的高频部分，文件占用空间小，音质较好，一度成为数字音乐的代名词。
- WMA：是微软主推的一种音频压缩格式，文件大小仅为 MP3 格式的一半。

8. 场的概念

什么是场？伴随互联网的发展和智能手机的普及，人们接收视频画面的渠道越来越多，如电视机、影院大银幕、笔记本电脑、手机等。那么这些屏幕画面是如何显现出来的呢？

比如说计算机显示器，人们可以通过它观看影片，这些影片之所以能够流畅地展现在我们面前，是因为显示器的屏幕在不停地刷新，也就是计算机通过高速运转，将每秒几十幅的画面依次呈现在我们面前。显示器以电子枪扫描的方式来显示图像，电子枪扫描时，总是从屏幕左上角的第一行开始逐行进行，扫描按 1，2，3，…顺序进行，这种扫描方式称为逐行扫描。对于传统电视而言，虽然同样采用扫描的方式显示图像，但其中的运算方式却不同。传统电视机采用扫描一行，间隔一行，然后再返回来将间隔的一行进行填补的方式，这种扫描方式称为隔行扫描，平时说的视频带场就是指隔行扫描方式。比如 PAL 制的电视画面由 625 行组成，隔行扫描先扫描 1，3，5，7 等奇数行，当所有的奇数行扫描完成后，再返回扫描 2，4，6，8 等偶数行，以此组成一个完整的画面。

3.1.2 创建工程文件

在“文件”菜单中选择“新建”，弹出“新建项目”对话框，先给自己的项目文件命名，方便后期编辑查找。在这里一定要养成给文件命名的好习惯，切不可默认系统给出的名字或者随便输入一些阿拉伯数字命名。如图 3-1 所示，单击“确定”按钮即可进入软件操作界面。

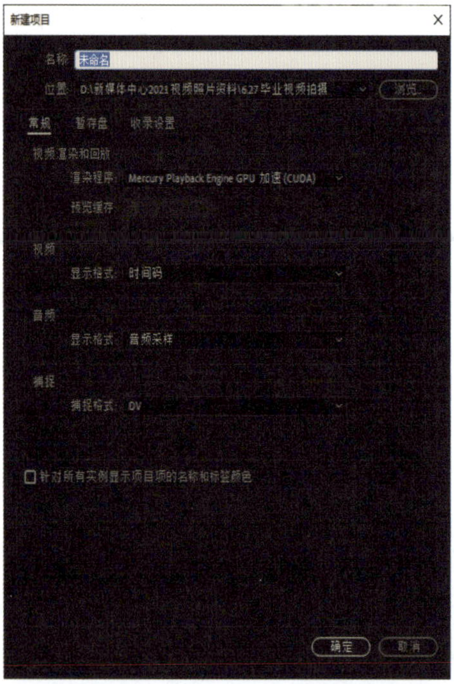

图 3-1 “新建项目”对话框

1. 导入素材

在左侧项目素材面板的空白处双击，选择素材，单击“打开”按钮，即可把素材导入 PR，如图 3-2 所示。

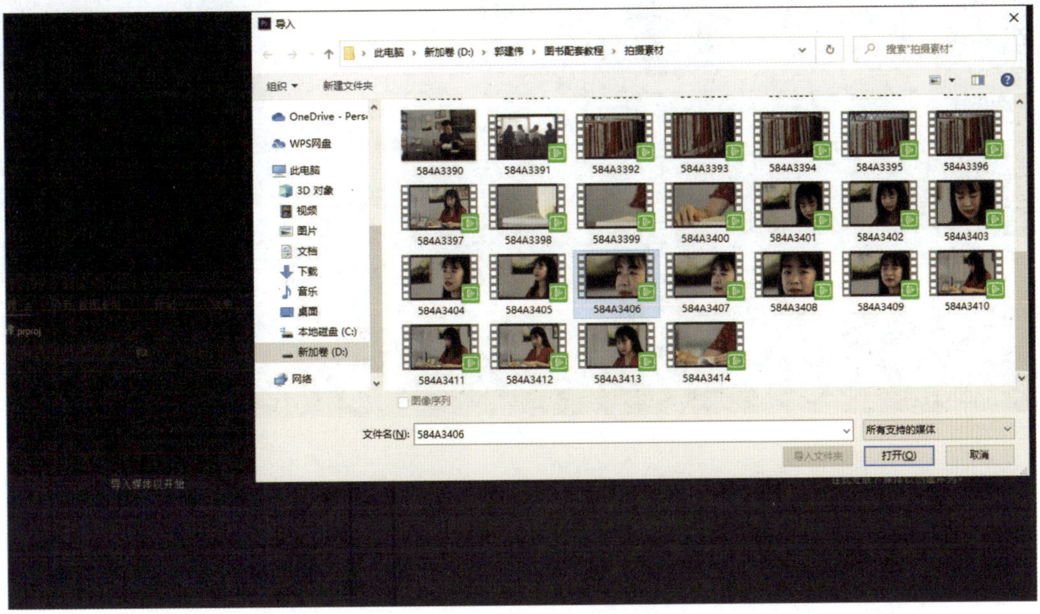

图 3-2　导入素材

除上述方法外，还可以使用快捷键导入素材，快捷键为 Ctrl+I。

接下来即可把素材放到时间轴上进行编辑，应首先创建序列，拖拽素材到“在此处放下媒体创建序列”，如图 3-3 和图 3-4 所示，这样即可快速创建一个与素材分辨率及帧速率等匹配的序列文件。

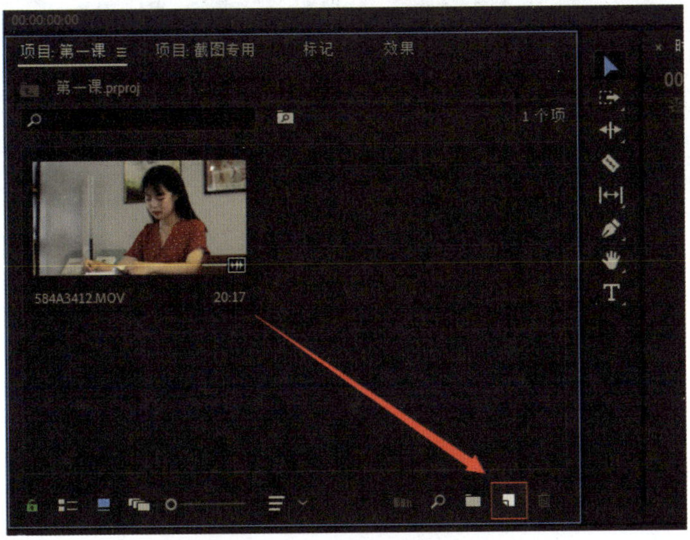

图 3-3　导入素材并创建序列

图 3-4　创建序列

2. 进行剪辑

（1）直接拖动鼠标剪辑：把时间轴拖拽到需要裁剪的地方，此时可以使用鼠标大致调整时间轴，然后通过键盘左右按键进行逐帧调整。调整到适合剪辑的帧时将鼠标移到素材末尾，使光标变为另一种图标，如图 3-5 所示。

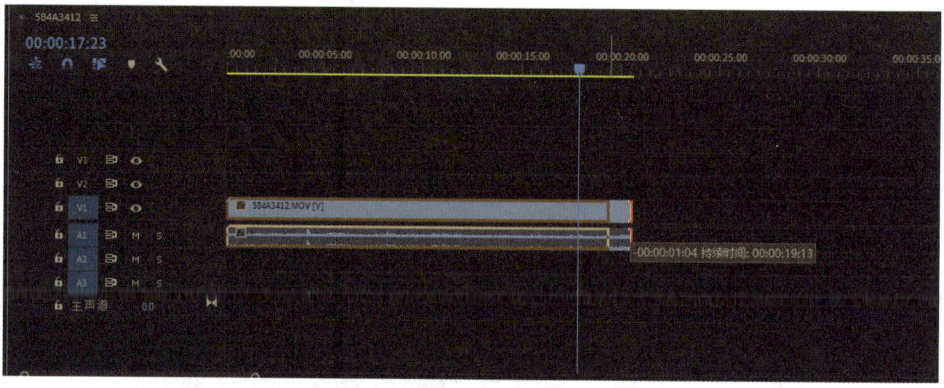

图 3-5　鼠标剪辑

朝前移动鼠标至时间轴指针处可以感觉有明显的吸附感，此时可以放开鼠标完成剪辑。

（2）剃刀剪辑：剃刀工具同理，按 C 键可以出现剃刀工具，剪辑方式同上，取消剃刀状态可以按 A 键。

3. 导出素材

选择“文件”菜单中的“导出”或者使用导出快捷键 Ctrl+M，选择媒体，如图 3-6 所示。

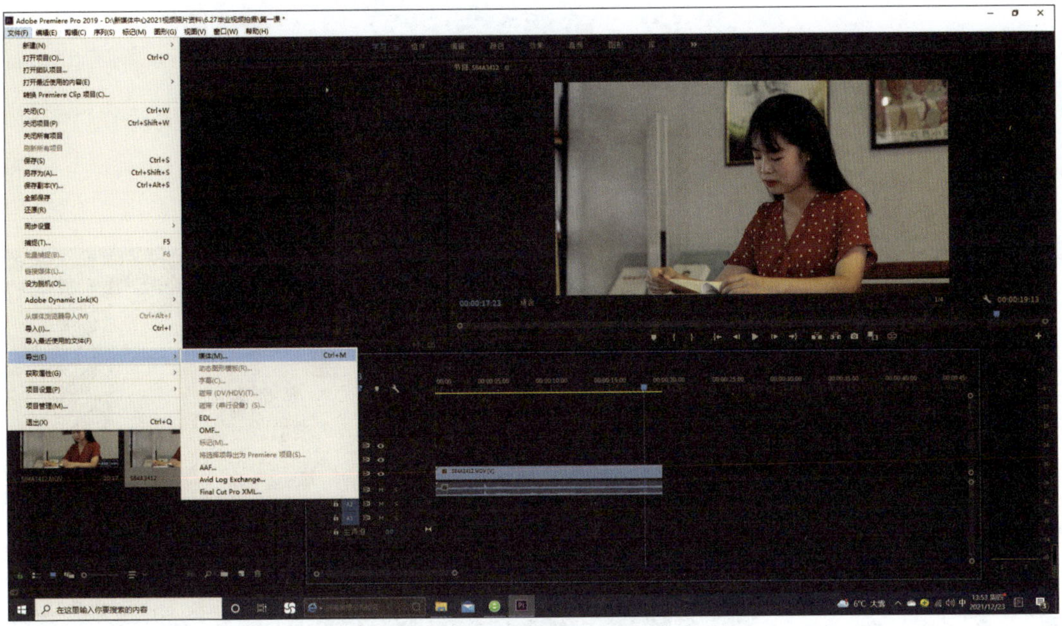

图 3-6　导出素材菜单操作

弹出“导出设置”对话框，如图 3-7 所示。

图 3-7　“导出设置”对话框

如果没有特殊要求可以直接保存，也可以修改文件的保存位置和文件名称。本章开始已经给大家讲解了关于视频格式和编码的问题，在这里可以在对照前面的知识点梳理一下视频的格式和编码选项。本环节一定要记住的一个名称就是 H.264。不要问为什么，记住它就好，这个名称将长期伴随我们的后期工作。

3.2　重要参数设置

打开 PR 界面，在“编辑”菜单中选择“首选项”，此时可以看到可供调节的参数，如图 3-8 所示。

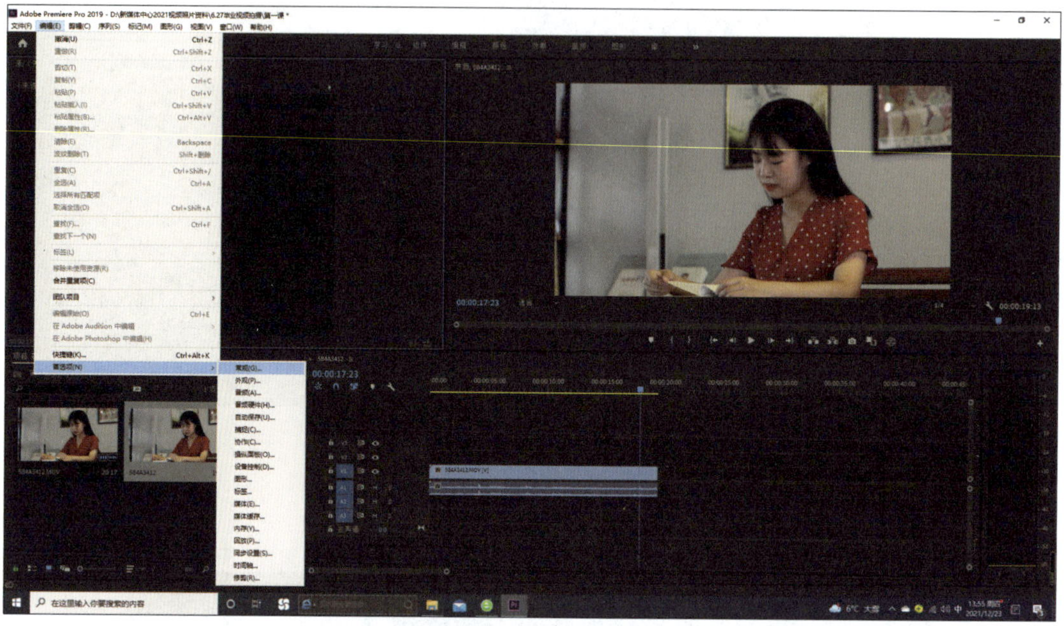

图 3-8　设置参数菜单操作

单击任意选项后可以看到所有可调参数，如图 3-9 所示。

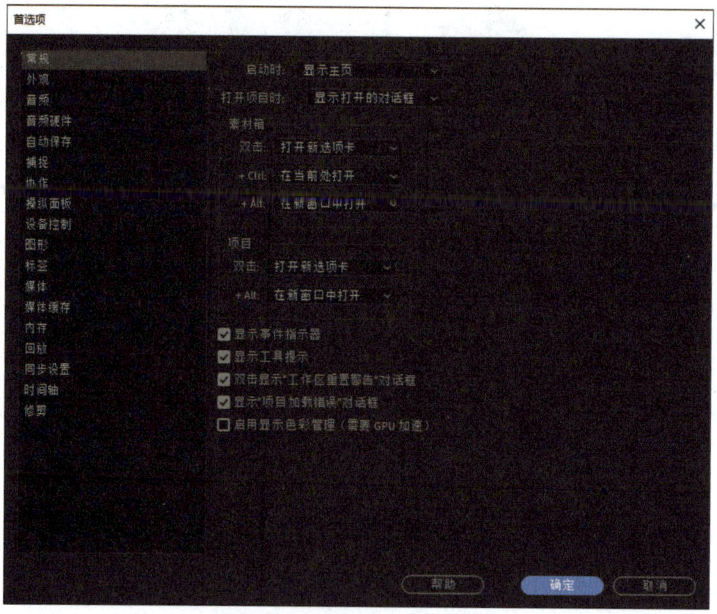

图 3-9　“首选项”对话框

如果项目过多,可以在“常规”选项卡中找到“启动时”,选择“显示主页”或者“打开最近使用的项目”,如图 3-10 所示。

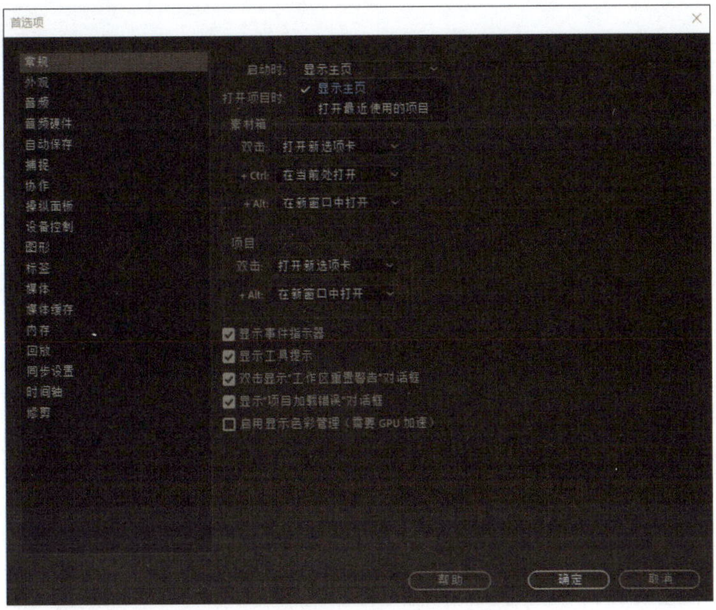

图 3-10　项目过多时的处理办法

（1）外观（如图 3-11 所示）：可以按照个人喜好进行选择，一般保持默认设置软件画面就会有良好的视觉效果。

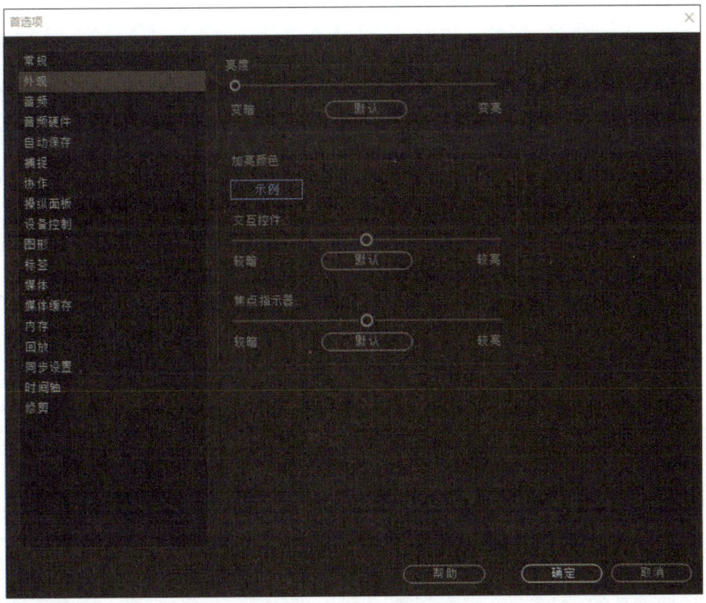

图 3-11　“外观”选项卡

（2）音频硬件（如图 3-12 所示）：如果打开剪辑文件没有声音，则首先需要排除素材是否有问题，如果素材没有问题就要考虑设置是否有问题。假设剪辑设备插有音响等设备，极有可能是“输出端口”选择不正确而导致软件播放素材时没有声音。

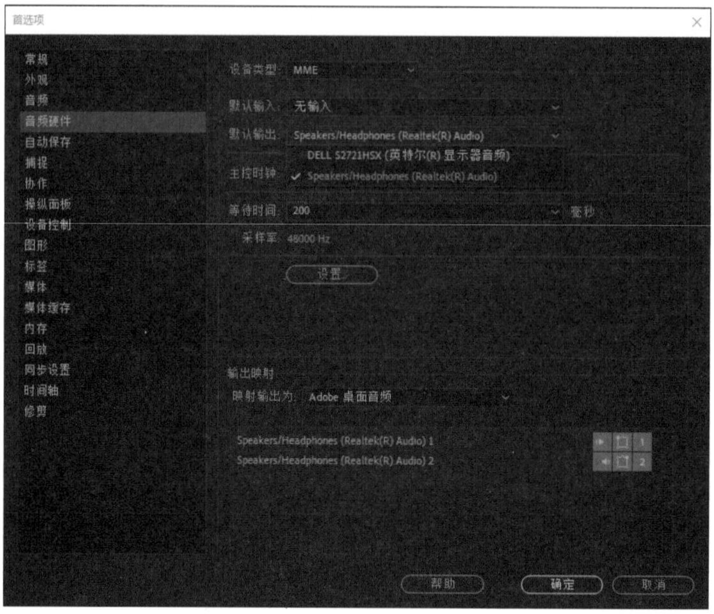

图 3-12　“音频硬件”选项卡

（3）自动保存（如图 3-13 所示）：该选项设置极其重要，建议 15 分钟自动保存一次备份，以防止设备死机导致文件丢失。当然也不是时间设置得越短越好，时间太短使文件频繁保存反而会增加计算机的工作负担。

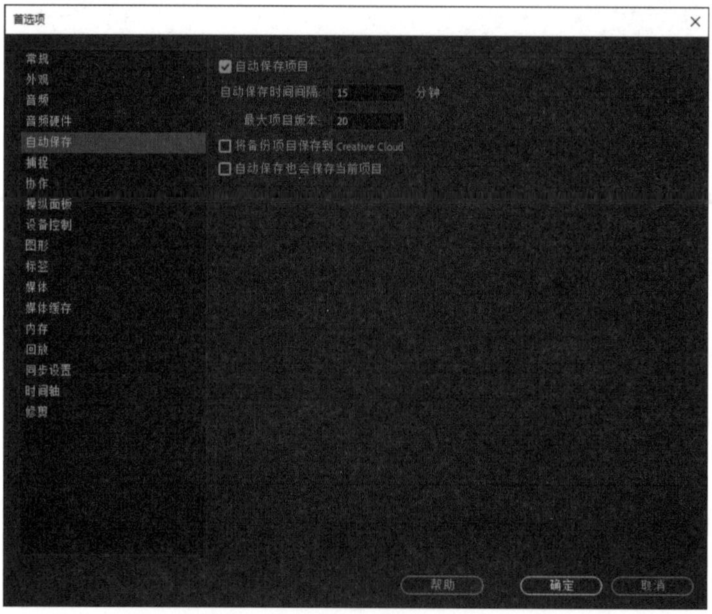

图 3-13　“自动保存”选项卡

（4）媒体：此设置较为重要的是“不确定的媒体时基”（如图 3-14 所示）。当导入动画 CG 变长或变短时，应该是播放速率不对，一般默认为 25fps。

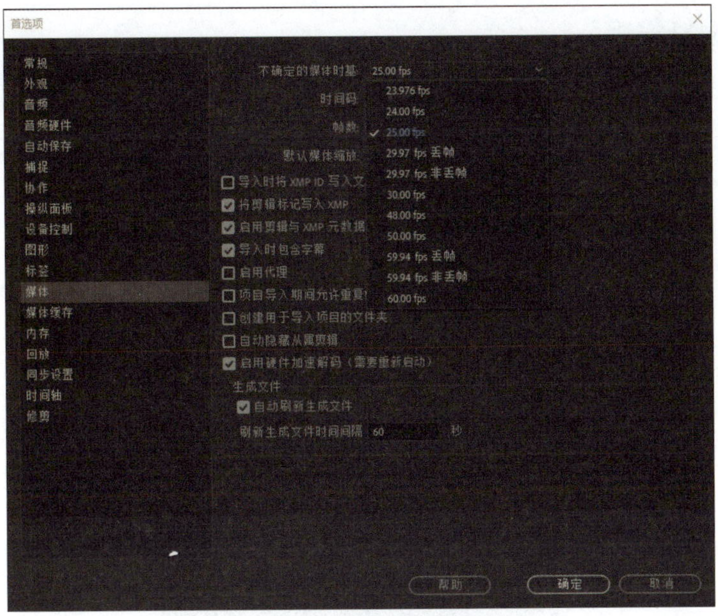

图 3-14　“媒体”选项卡

（5）媒体缓存（如图 3-15 所示）：缓存文件保存位置，首次安装默认位置为 C: 盘默认文件夹，但如果缓存文件全部进入 C: 盘会导致计算机运行速度越来越慢，可以按照实际硬盘大小进行选择。媒体文件可以设置自动删除，可以对一些早期文件进行自动删除。

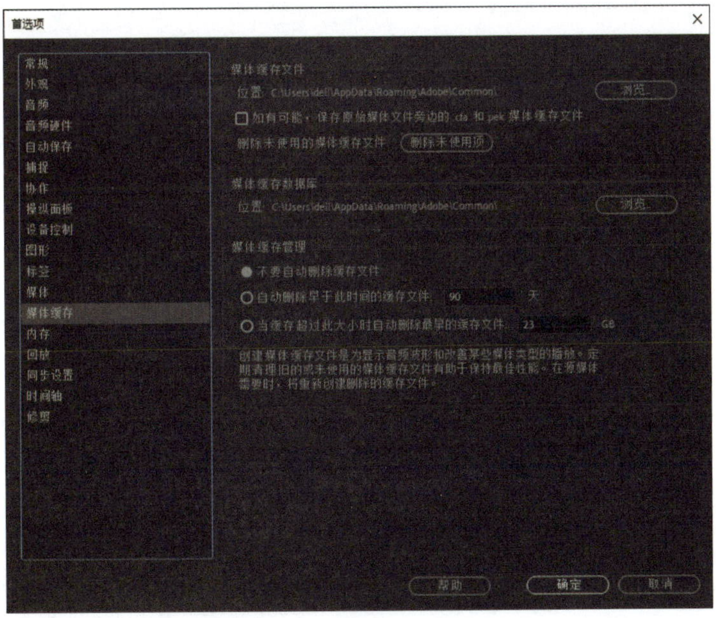

图 3-15　“媒体缓存”选项卡

3.3 工程文件打开与修改

3.3.1 渲染程序

“新建项目”对话框如图 3-16 所示。

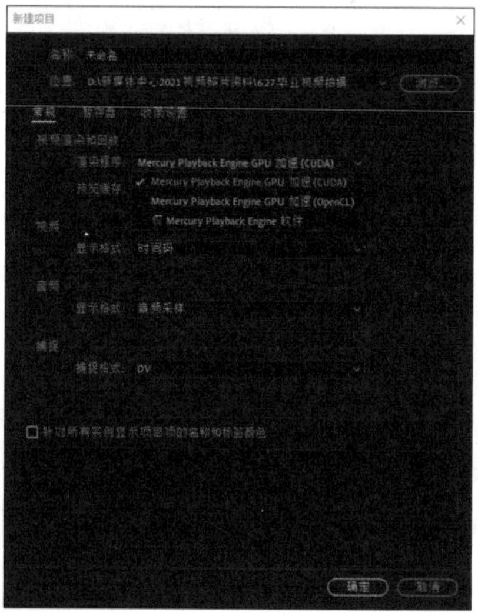

图 3-16 “新建项目”对话框

“CUDA 加速”选项：可以使高清素材更快地进行播放。

“OpenCL 加速”选项：可以利用显卡“A 卡”和“N 卡”进行加速。

Mercury Playback Engine 选项：最古老，速度最慢。

时间码如图 3-17 所示。

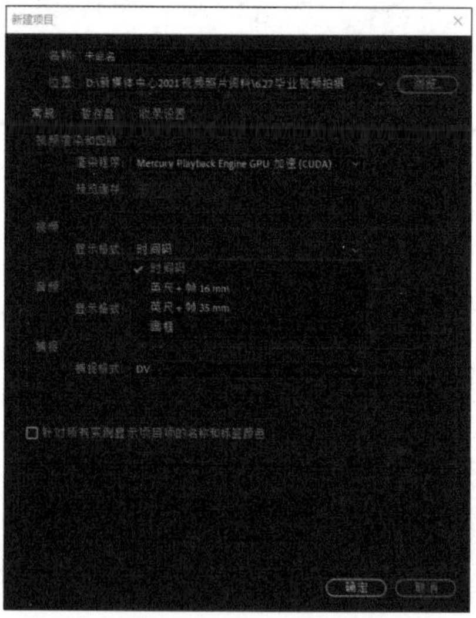

图 3-17 时间码

做电影与胶片类应选择“英尺 + 帧 16mm”和“英尺 + 帧 35mm”。

画框做 CG 动画和包装用得较多。

3.3.2 PR 素材丢失处理办法

在日常剪辑中，假如不小心删掉了某些时间轴上已经使用的素材，软件就会因无法找到文件路径而报错。遇到这种情况，我们应如何处理呢？

选择素材，右击并选择“在资源管理器中显示”可以查看剪辑文件的位置，如图 3-18 所示。

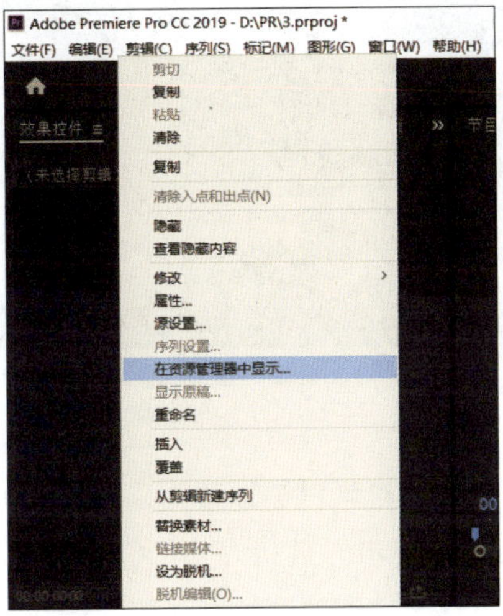

图 3-18　查看剪辑文件位置

假设赋予文件新的名称，可以看到视频文件依然存在于文件夹中，如图 3-19 所示。

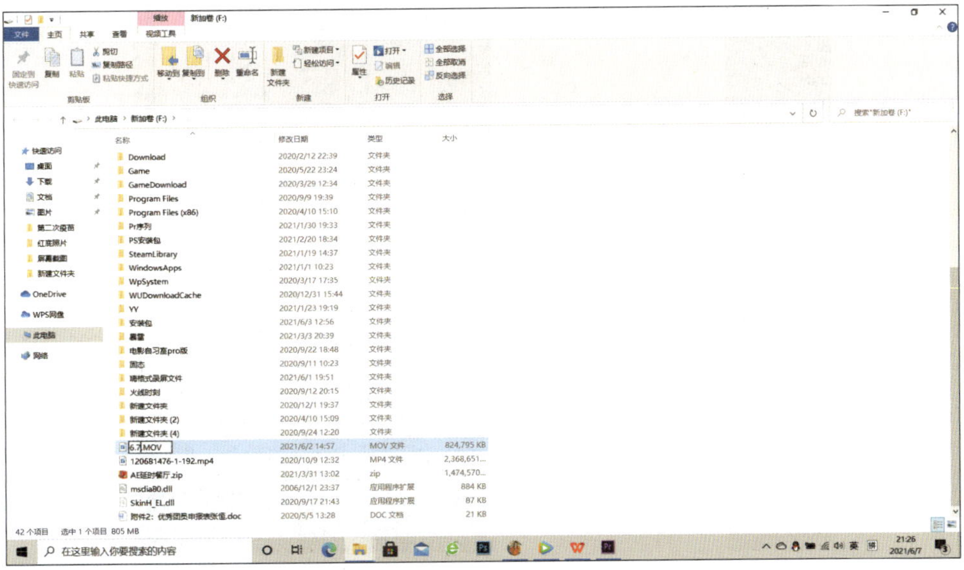

图 3-19　查看视频文件

回到 PR 时会发现显示文件丢失，如图 3-20 所示。

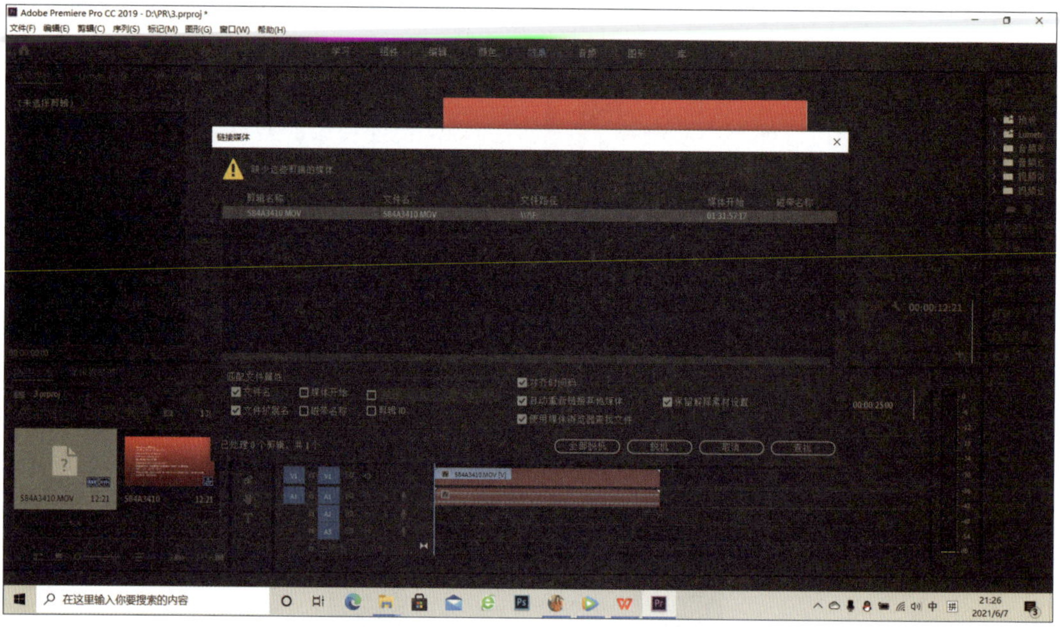

图 3-20　文件丢失

单击“脱机”按钮，此时可以对素材进行查找。

选择带有问号的工程文件，单击“链接媒体”（如图 3-21 所示）重新调出提示错误对话框，单击“查找”按钮查找文件的所在位置，如图 3-22 所示。

图 3-21　查找素材

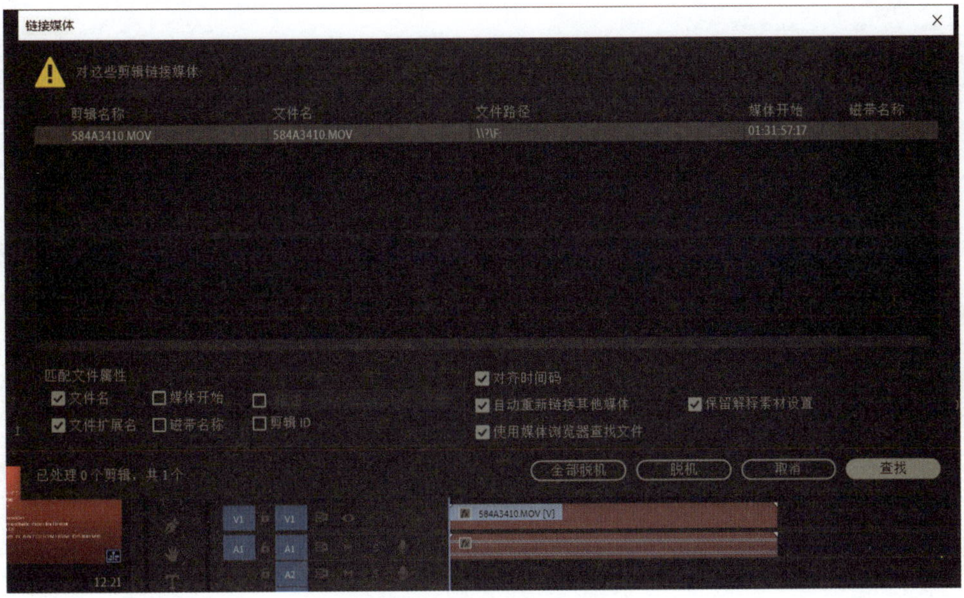

图 3-22　提示错误对话框

找到文件所在的位置，选择文件并单击“确定”按钮（如图 3-23 所示），这样即可找到丢失的文件。在视频、照片、音频中此方法均可使用。

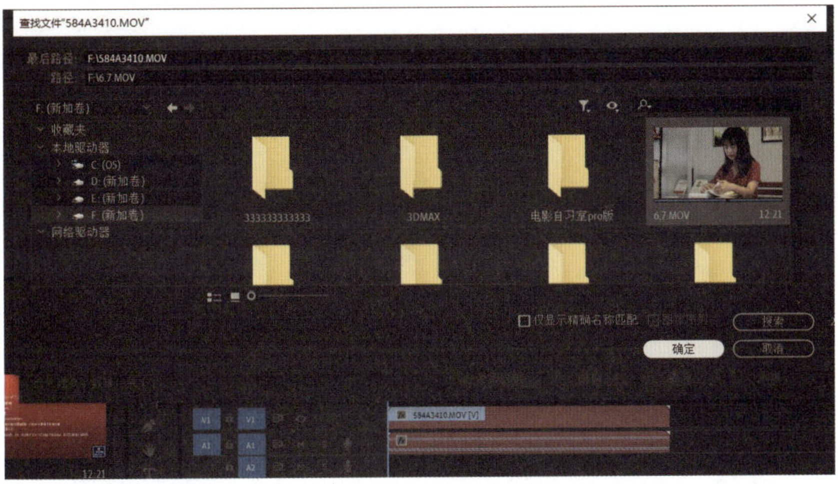

图 3-23　找到丢失的文件

3.4　素材抓取与排列

3.4.1　源截取

（1）导入素材后，双击素材可以在“源”面板中浏览素材，如图 3-24 所示。

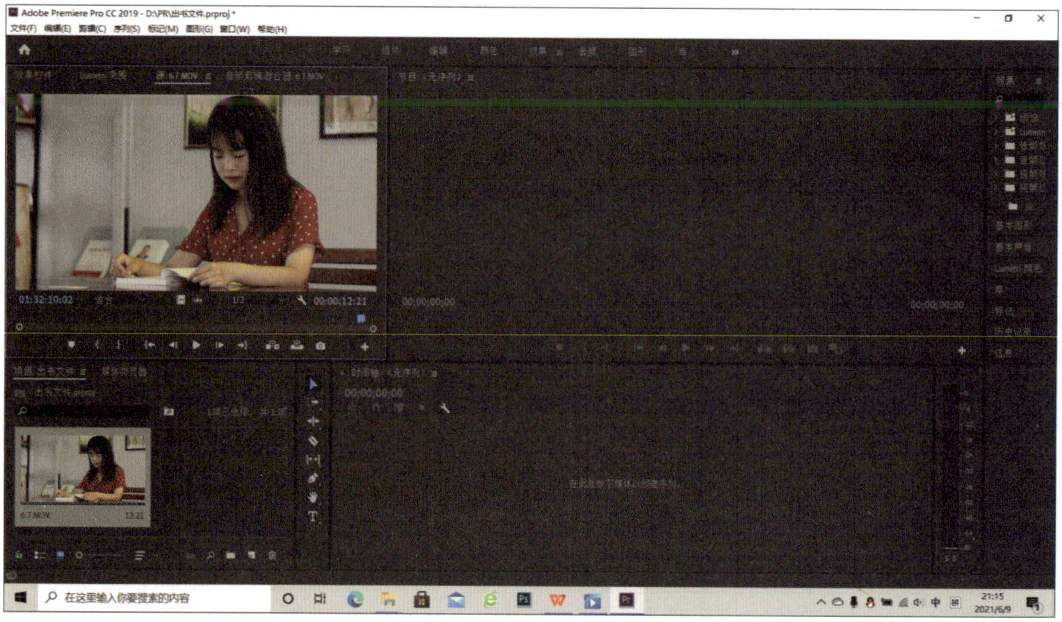

图 3-24　在“源”面板中浏览素材

（2）截取想要的素材片段，单击“标记入点”按钮或者输入字母“i”，此时以当前帧为起始点，如图 3-25 所示。

图 3-25　标记入点

（3）向右移动时间轴，单击“标记出点”或者输入字母“o”，截取帧结束的部分为最终点，如图 3-26 所示。

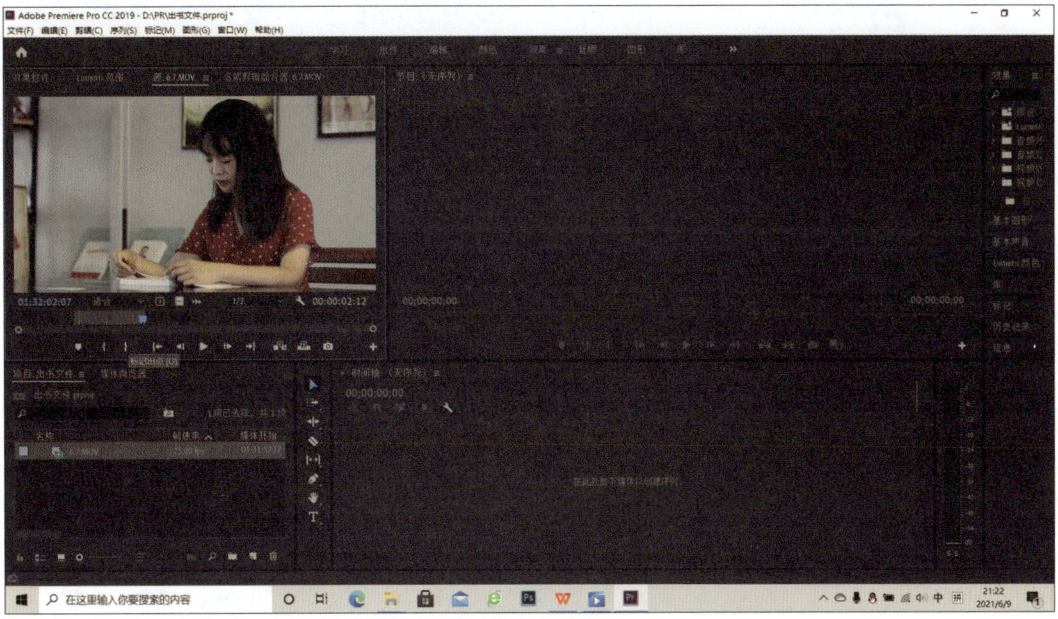

图 3-26　标记出点

（4）对截取的片段进行排列剪辑，剪辑前要新建序列，如图 3-27 至图 3-29 所示。

图 3-27　新建序列

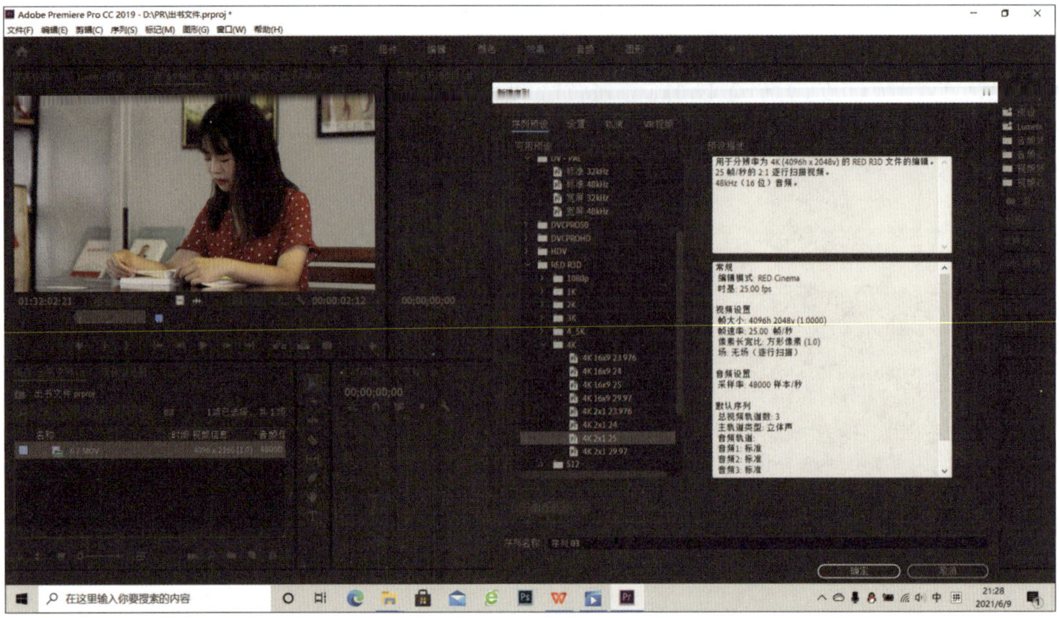

图 3-28　新建序列

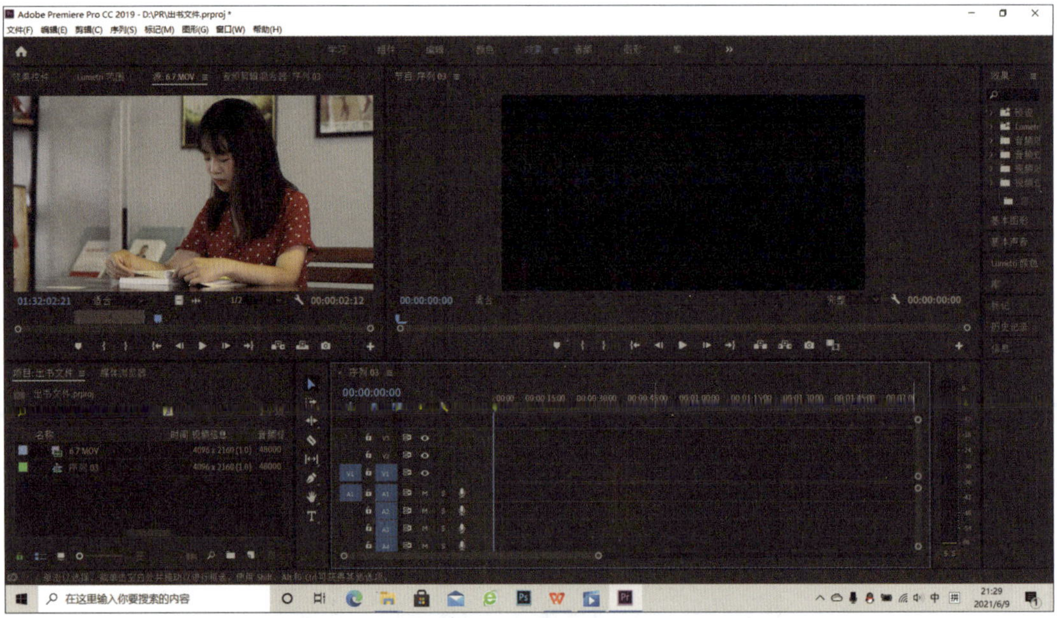

图 3-29　新建序列

此时把截取部分拖拽到新建序列上（如图 3-30 所示），完成源截取。这也是剪辑常用的一个流程，通过键盘上的左右方向键可以逐帧确定所需素材的开始画面或结束画面。按此步骤剪辑素材更加精确、快速、高效。

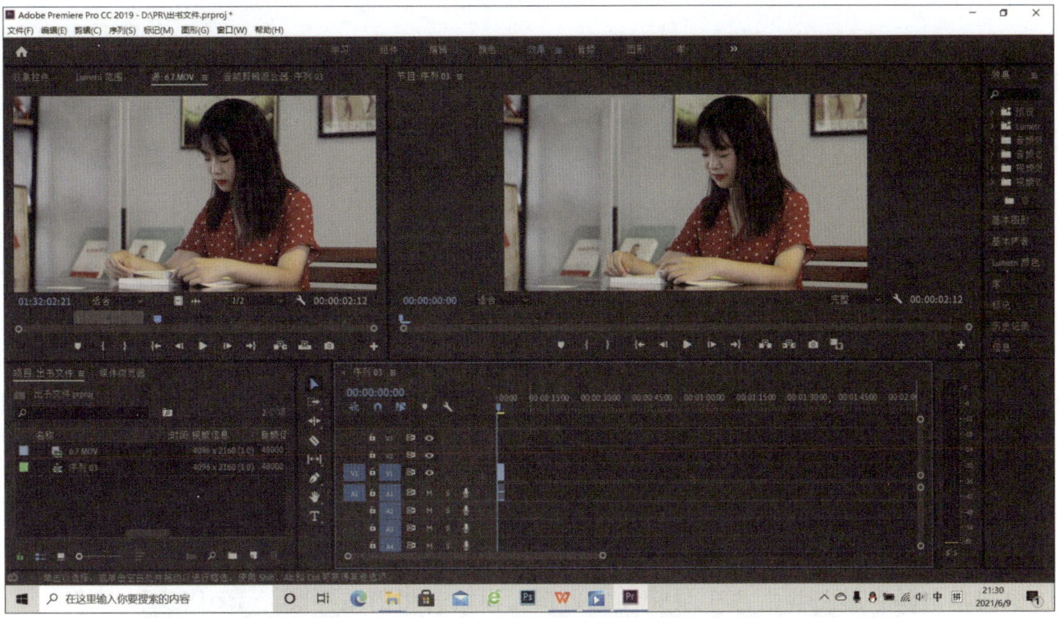

图 3-30　完成源截取

3.4.2　插入覆盖

（1）用时间轴确定素材需要插入的位置，如图 3-31 所示。

图 3-31　确定素材插入位置

（2）在需要插入素材处进行源截取，单击“插入”按钮，如图 3-32 所示，此时可以看到素材已经插入剪辑序列。

图 3-32　素材已插入剪辑序列

（3）覆盖：抓取源截取，把时间轴放到需要覆盖素材那一帧，如图 3-33 所示；单击“覆盖”按钮（如图 3-34 所示），此时可以看到素材进行了覆盖，时间轴上出现了剪辑的痕迹，覆盖成功。

图 3-33　移动时间轴到需要覆盖素材的帧

图 3-34　覆盖成功

3.5　镜头剪辑排列

先对常用的剪辑工具进行简单介绍。

1. 选择工具

选择工具是一般默认工具，快捷键为 V，选择拖拽素材必须用此快捷键，如图 3-35 所示。

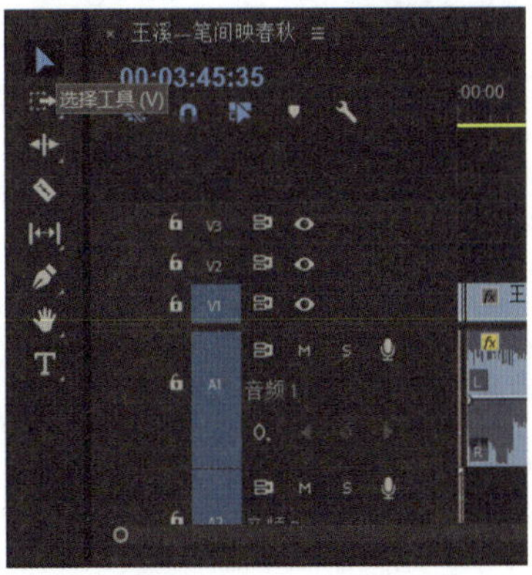

图 3-35　选择工具

2. 向前选择轨道工具

可以批量选择素材，效果如图 3-36 和图 3-37 所示。

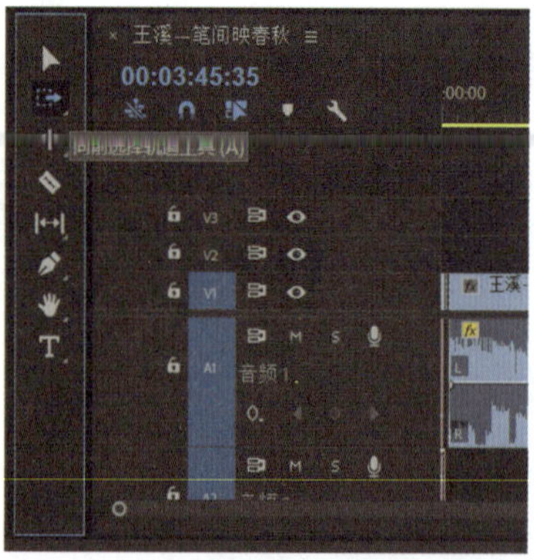

图 3-36　向前选择轨道工具效果

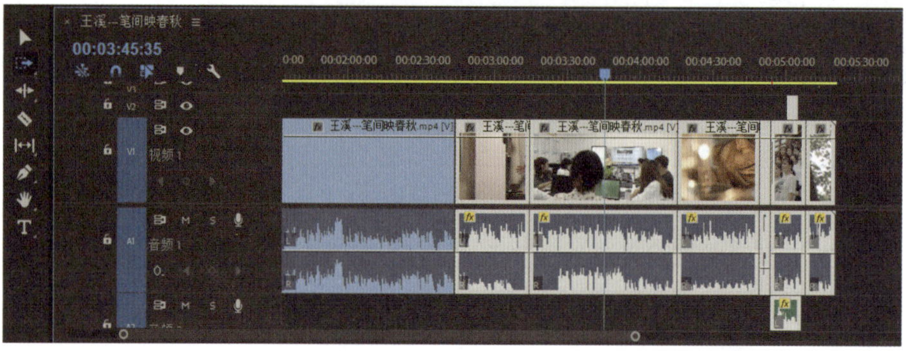

图 3-37　向前选择轨道工具效果

按住 Shift 键，此时可以进行单轨道选择，适用于多轨道素材；按 Shift+A 组合键可以选择前段素材，如图 3-38 所示。

图 3-38　进行单轨道选择

3. 波纹编辑工具

波纹编辑工具（如图 3-39 所示）是为了处理调整视频素材长度时产生的轨道缝隙问题。选择之后放到素材剪切处可以发现由红色标变为黄色标，按住且移动后可以达到改变所选素材长度且后续素材自动吸附的效果，如图 3-40 所示。

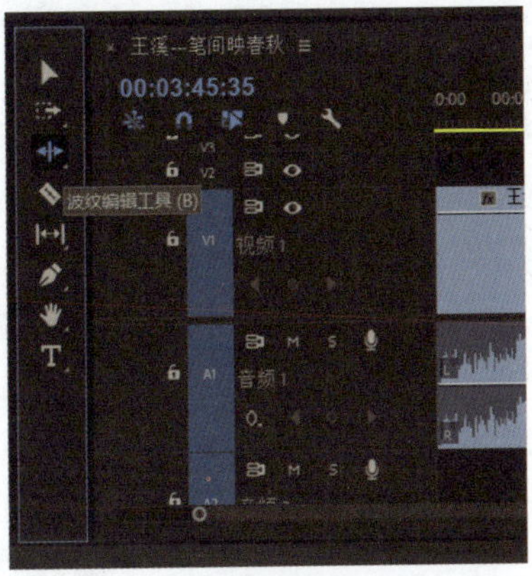

图 3-39　波纹编辑工具

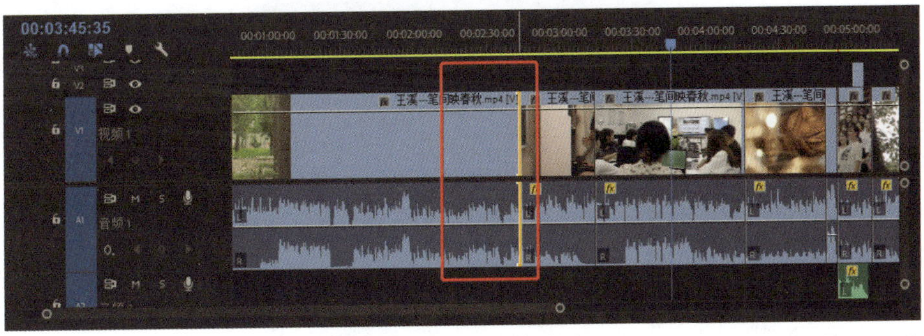

图 3-40　波纹清除效果

4. 滚动编辑工具

快捷键为 N，如图 3-41 所示。

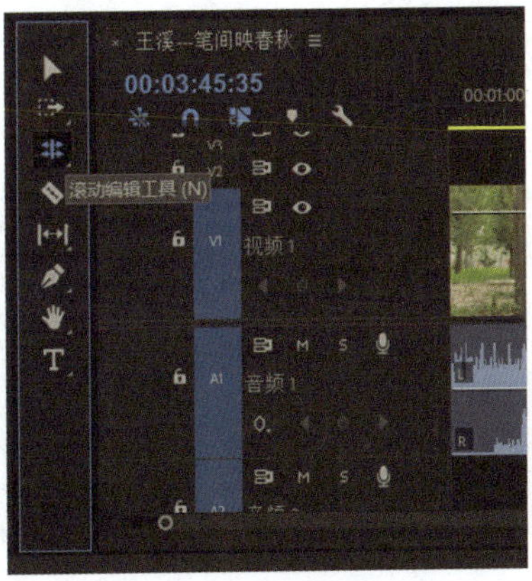

图 3-41　滚动编辑工具

假设在素材剪辑时间轴上选择向前移动，产生以下效果：前端素材变短，后端素材对应变长，如图 3-42 所示。

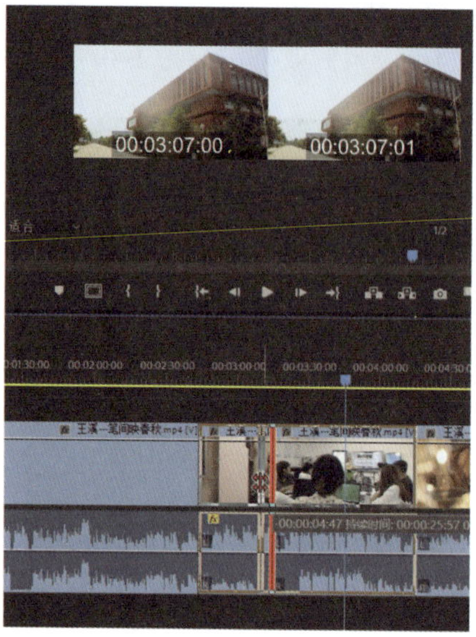

图 3-42　滚动编辑效果

5. 外滑工具

外滑工具可以改变素材的出入点位置，素材的时间长度维持不变。选中外滑工具，点选素材，剪辑屏幕分为四块，上面左右两块分别为选择素材两端的结尾画面与开头画面，具有参考作用，左右移动外滑工具可以调整素材的出入点；下面两块屏幕可以看到选择的素材在一段时间的出点与入点，如图 3-43 所示。

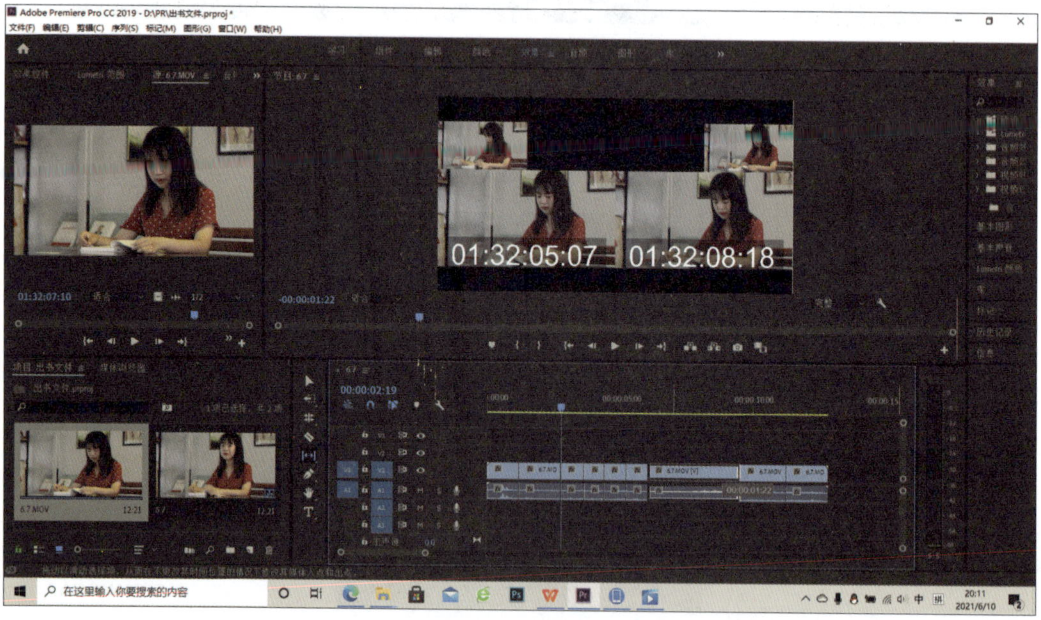

图 3-43　剪辑屏幕

6. 内滑工具

内滑工具可以更改两段相邻视频素材的衔接点。保持当前选择素材，移动素材不会改变此段素材之后的素材（不会动前后剪辑点，使素材在剪辑内部滑动），如图 3-44 所示。

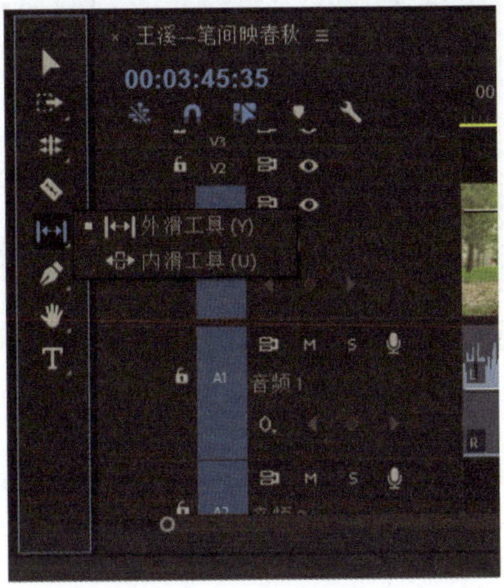

图 3-44　内滑工具

7. 缩放工具

可以进行时间轴的缩放，如图 3-45 所示。

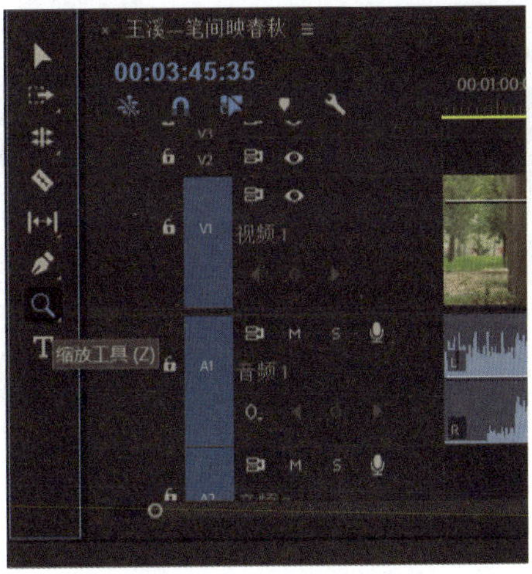

图 3-45　缩放工具

选中之后可以直接对时间轴进行放大，按住 Alt 键可以进行缩小。

放大 / 缩小快捷键：在大写模式下，“+”为放大，“-”为缩小。

按回车键上方的“\”键可以全局显示时间轴。

8. 钢笔工具

可以框选范围，进行蒙版绘制，如图 3-46 所示。

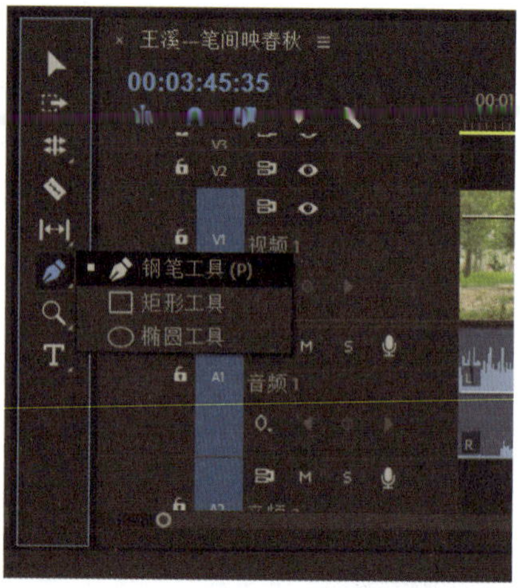

图 3-46　钢笔工具

例如，在人物右侧绘制了一个自定义图形，如图 3-47 所示。

图 3-47　绘制自定义图形

默认状态下，时间轴显示如图 3-48 所示。

可以把鼠标放置到 V1 轨道前端的小眼睛附近，按住 Alt 键向上滑动滚轮可以得到图 3-49 所示的效果（视频轨道可以放大）。

9. 文字工具

使用文字工具可以进行字幕效果添加等。

字幕效果参考图 3-50，使用选择工具可以对字幕进行移动。

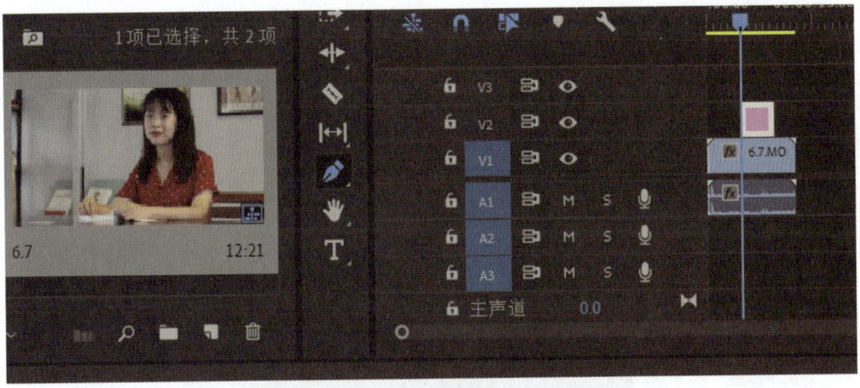

图 3-48　默认状态下的时间轴显示

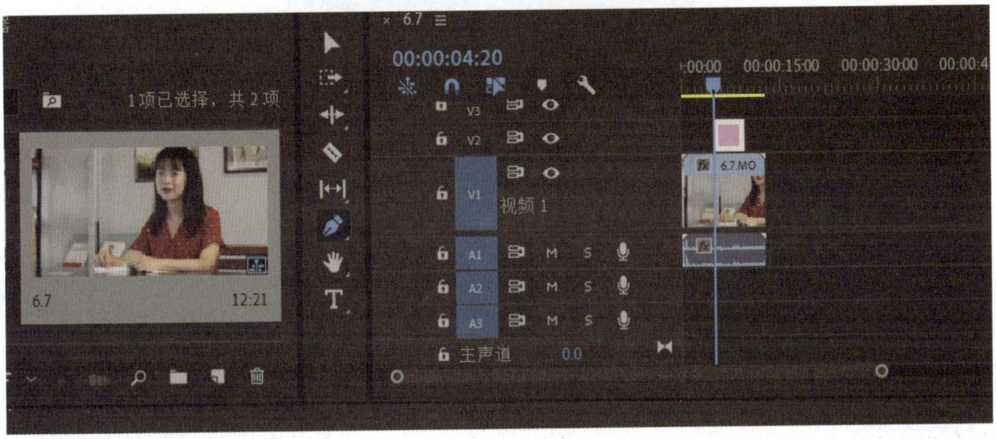

图 3-49　设置效果

图 3-50　添加字幕效果

点开文字工具小箭头，可以选择垂直文字工具，如图 3-51 所示。

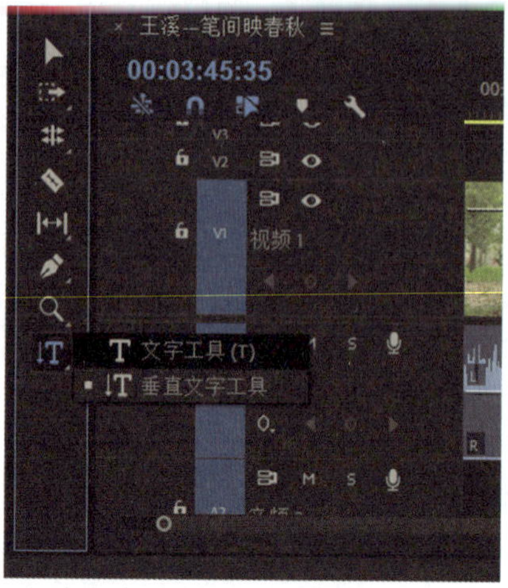

图 3-51 选择垂直文字工具

垂直文字效果如图 3-52 所示。

图 3-52 垂直文字效果

效果控件可以调节字幕的一些参数属性，如字体大小、颜色、位置等，如图 3-53 所示。

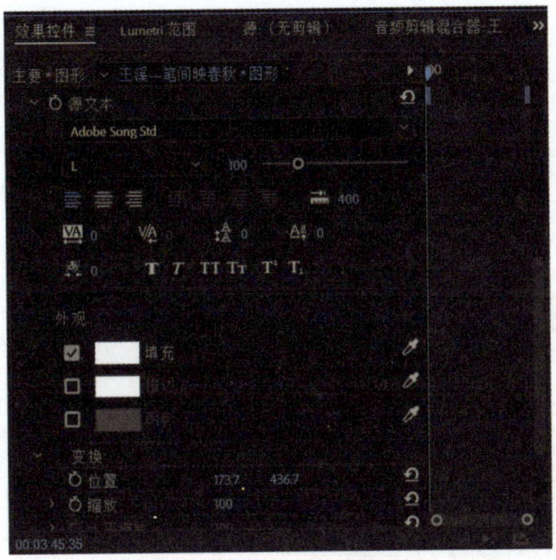

图 3-53　效果控件

3.6　视频播放速度

3.6.1　调整视频速度

（1）找到时间轴上需要改变速度的素材并右击。

（2）在弹出的快捷菜单中选择“速度 / 持续时间”（如图 3-54 所示），弹出“剪辑速度 / 持续时间”对话框，如图 3-55 所示。

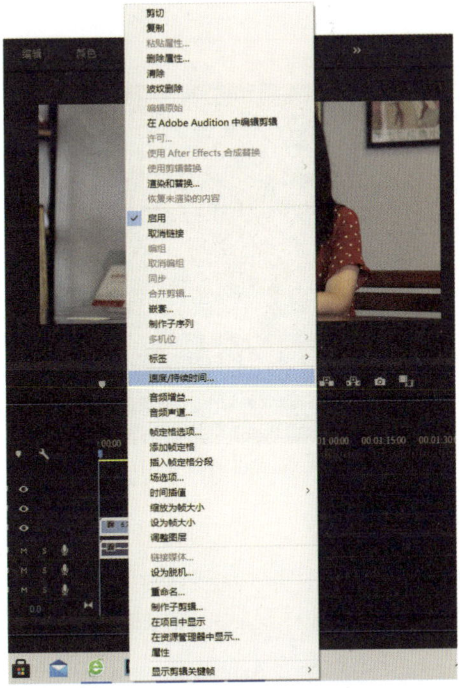

图 3-54　调整视频速度右键菜单

图 3-55 “剪辑速度 / 持续时间”对话框

速度大于 100% 可为视频加速，小于 100% 则降低视频播放速度。

假设想把素材在 10 秒内播放完毕，可以在持续时间处进行更改，如图 3-56 所示。

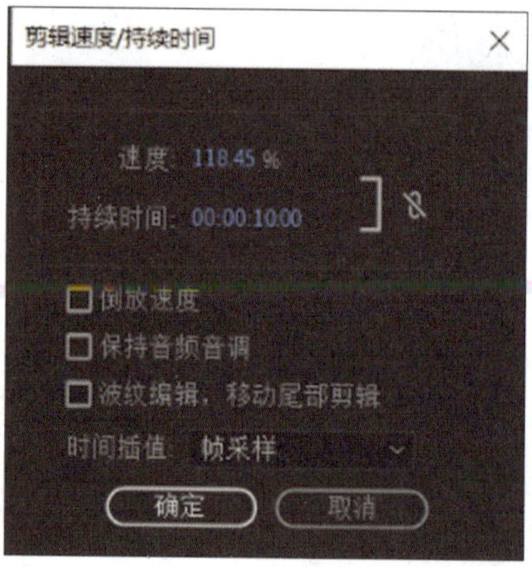

图 3-56 更改持续时间

假设视频为采访等有人说话的情况，对视频进行加速会导致语调变尖，声音不自然，此时可以勾选“保持音频音调”进行渲染，如图 3-57 所示。

当对时间轴上的多个视频进行单视频加速时会产生空隙，此时可以勾选“波纹编辑，移动尾部剪辑”来避免视频间产生空隙，如图 3-58 至图 3-61 所示。

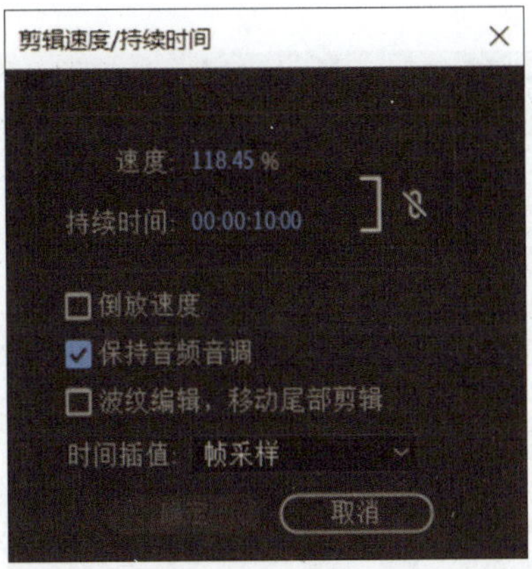

图 3-57　保持音频音调

图 3-58　对多个视频进行单视频加速

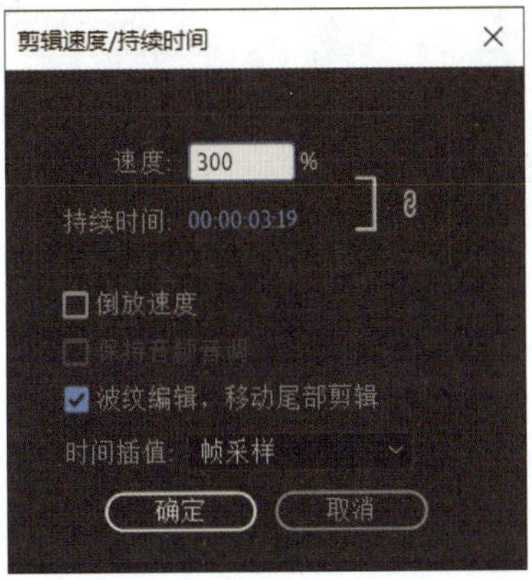

图 3-59　勾选“波纹编辑，移动尾部剪辑”

图 3-60　应用“波纹编辑，移动尾部剪辑”来避免视频间产生空隙

图 3-61　最终效果

3.6.2　倒放速度

在“剪辑速度 / 持续时间”对话框中勾选“倒放速度”即可对视频进行倒放，如图 3-62 所示。

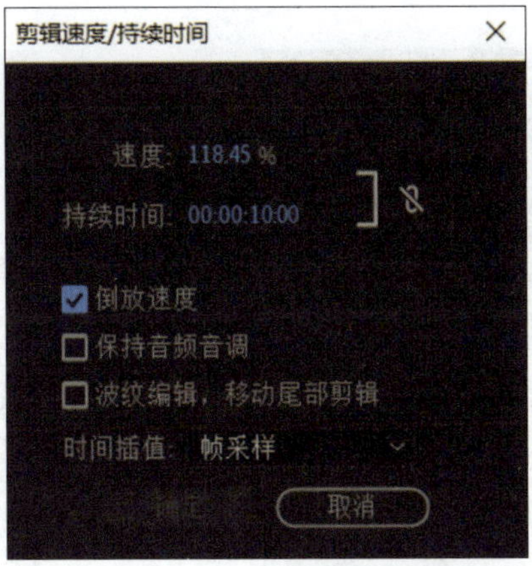

图 3-62　勾选“倒放速度”

3.6.3　帧定格

假设要对视频中的翻书动作进行定格，可以在时间轴上右击并选择“帧定格选项”，添加帧定格，插入帧定格分段，如图 3-63 所示。

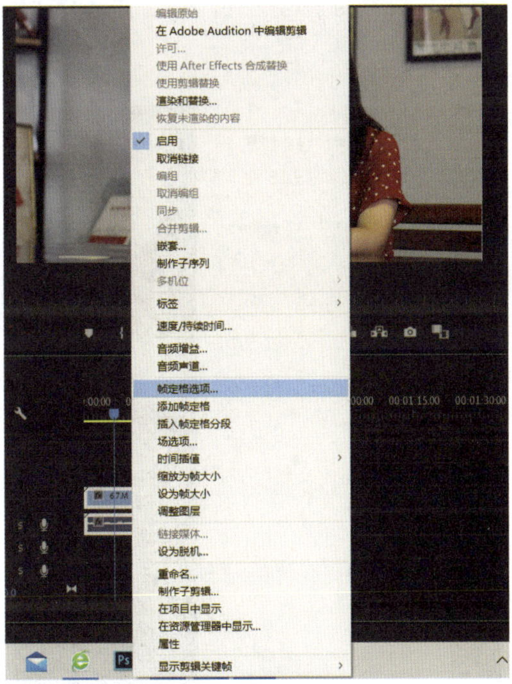

图 3-63　添加帧定格

帧定格方法一：需要在哪一帧定格就把时间轴放置到哪一帧处，右击时间轴上的素材，添加帧定格，如图 3-64 所示。

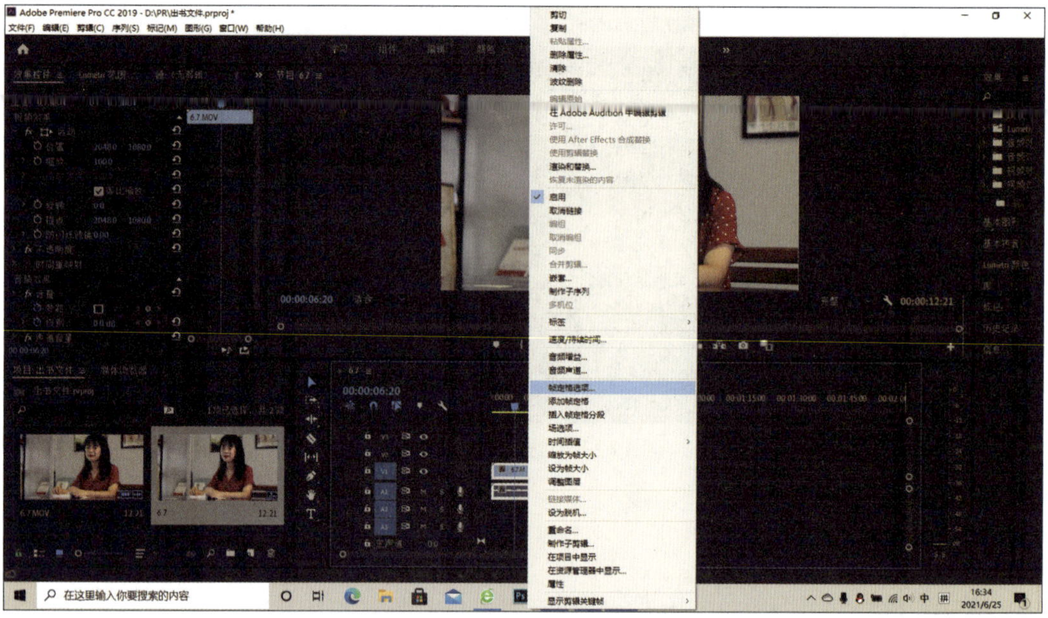

图 3-64　添加帧定格方法一

帧定格方法二：选择时间轴中的素材文件，右击并选择“帧定格选项”，如图 3-65 所示。

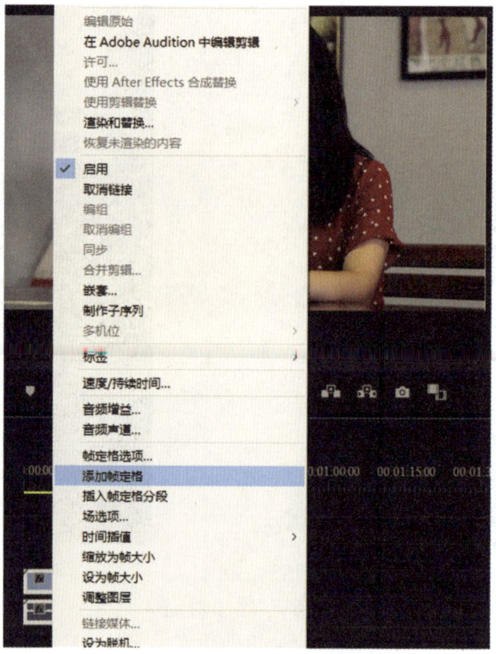

图 3-65　素材右键菜单

弹出“帧定格选项”对话框（如图 3-66 所示），在“定格位置”处单击，会出现下拉菜单，如图 3-67 所示。

图 3-66 “帧定格选项”对话框

图 3-67 “定格位置”下拉菜单

源时间码：直接把想要定格处的时间码输入到对话框中，就会对那一帧进行定格，如图 3-68 所示。

图 3-68　输入时间码

序列时间码：对选择的素材进行定格，如图 3-69 所示。

图 3-69　输入序列时间码

入点 / 出点：字面意思，对出点或入点进行帧定格，如图 3-70 所示。

图 3-70　对出点或入点进行帧定格

插入帧定格分段：适用于动 - 静 - 动方式的剪辑效果，方法为选择时间轴中的素材文件，右击并选择“插入帧定格分段”，效果如图 3-71 和图 3-72 所示。

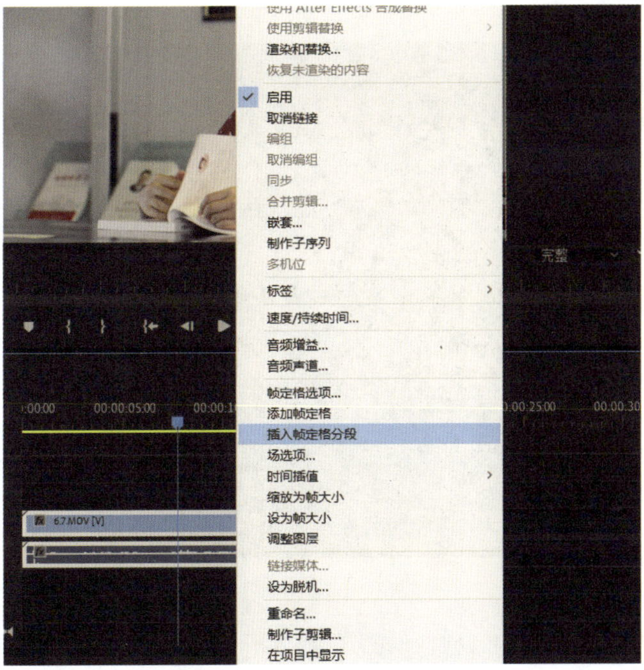

图 3-71　插入帧定格分段右键菜单

图 3-72　插入帧定格分段效果

3.6.4　时间重映射

该功能适用于对素材实现变速效果，操作步骤如下：

（1）在“效果控件”中找到“时间重映射”，如图 3-73 所示。

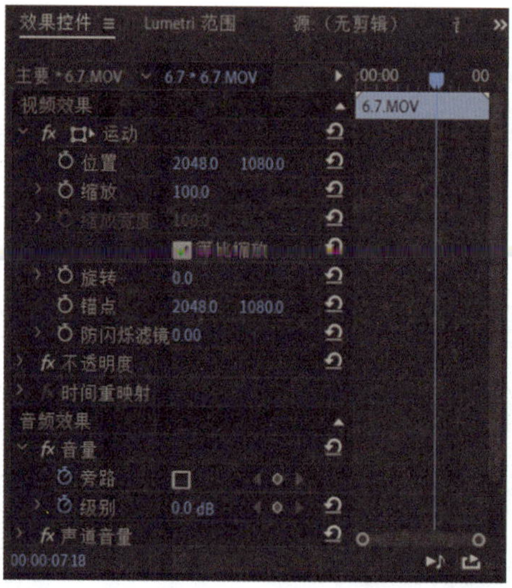

图 3-73　效果控件

（2）打开下拉选项，给素材打速度关键帧，此时速度处出现下拉选项，如图 3-74 所示。

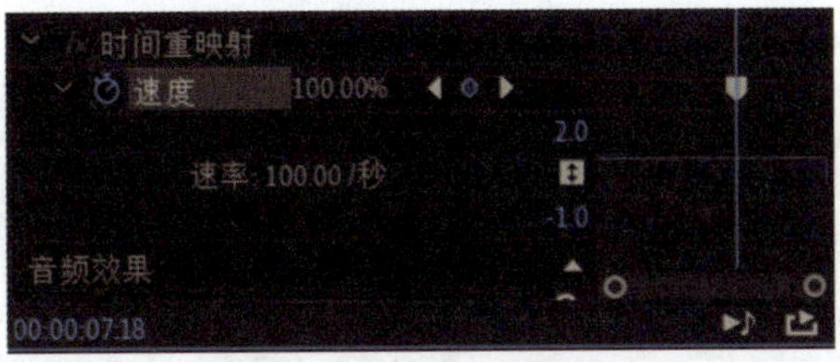

图 3-74 “速度”下拉选项

（3）调节速率可以对素材进行加速，也可以滑动右侧速率线进行调节，如图 3-75 所示。

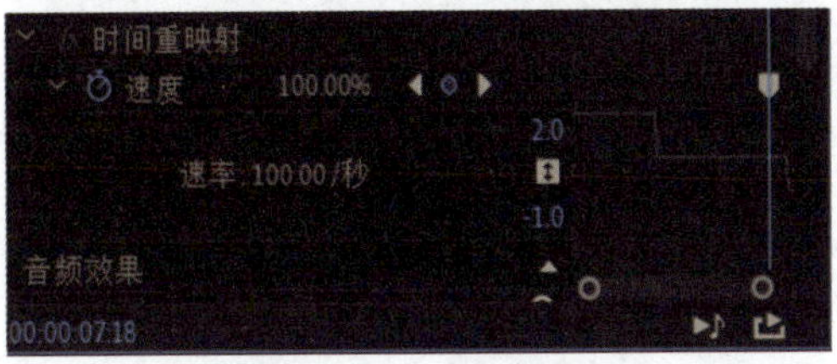

图 3-75 调节速度

时间重映射优势：可以多次对素材进行加速或减速，以达到良好的视觉效果。

3.7 时间轴标记用法

在素材上把时间指针移动至需要进行标记的位置，找到左下角的“添加标记”，其快捷键为 M，如图 3-76 所示。

图 3-76 添加标记

在右下角，通过加号可以选择更多的按钮，单击“按钮编辑器”添加“转到上一标记”和“转到下一标记”，“转到下一标记”的快捷键为 Shift+M，“转到上一标记”的快捷键为 Ctrl+Shift+M，如图 3-77 所示。

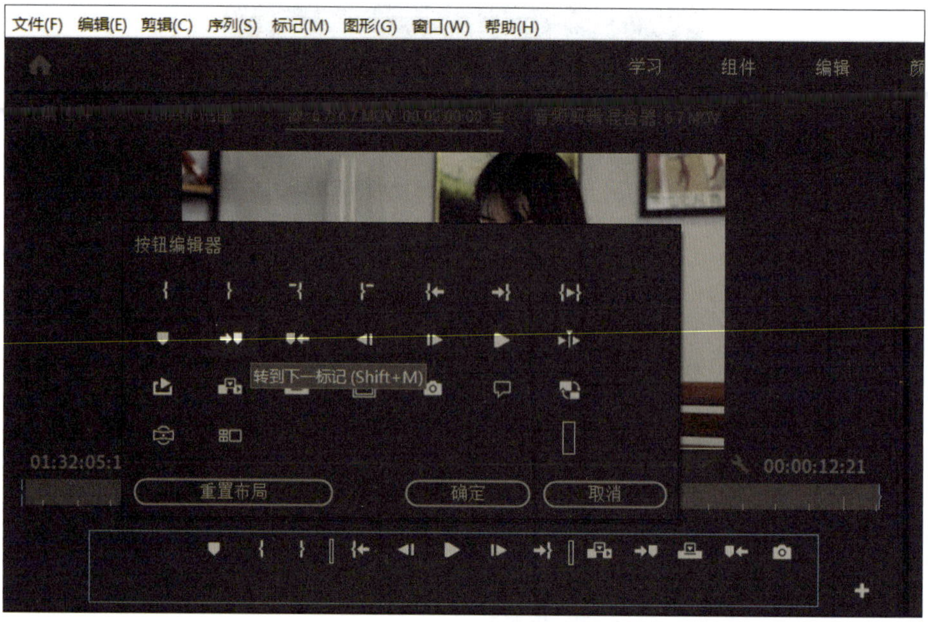

图 3-77　按钮编辑器

如果想要清除标记，可以在时间轴上右击并选择“清除所选的标记”或“清除所有标记”，如图 3-78 所示。

图 3-78　清除标记

如果想对标记进行编辑，则找到标记处，右击并选择“编辑标记”，如图 3-79 所示。

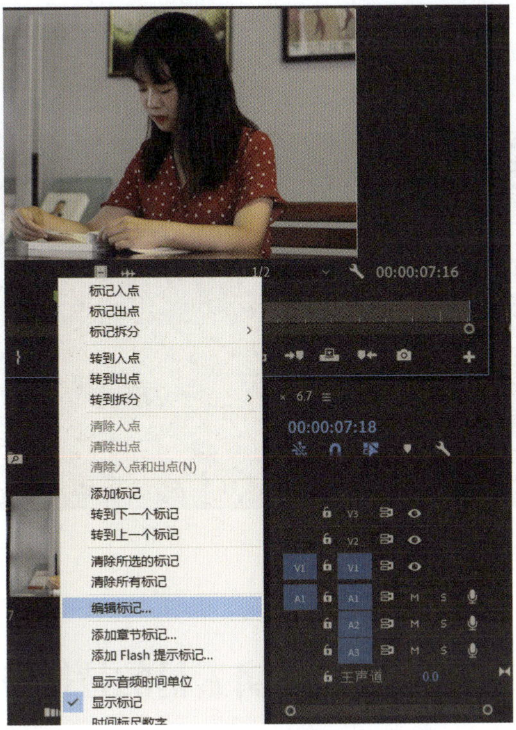

图 3-79　编辑标记右键菜单

“编辑标记”界面如图 3-80 所示，可以增添一些剪辑备注信息。

图 3-80　“编辑标记”界面

添加备注信息有助于其他剪辑人员迅速获取相关信息，提高工作效率，如图 3-81 所示。

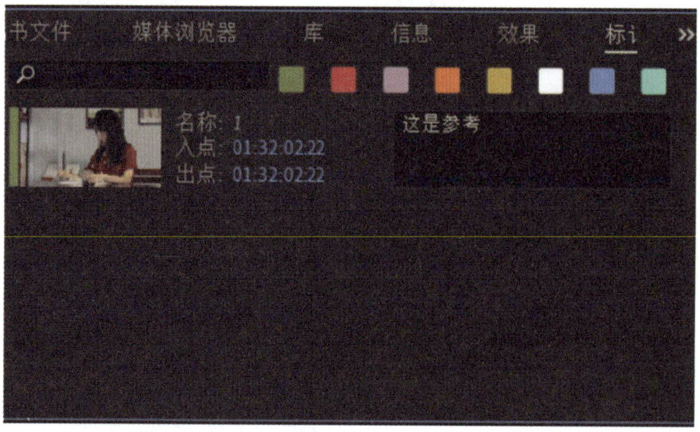

图 3-81　添加备注信息效果

3.8　时间轴上剪辑素材的替换方法

已经完成素材的剪辑和效果后，如果需要进行素材的替换，例如把看书的镜头替换成看手机的镜头（如图 3-82 所示），最简单的方法是选择时间轴上需要替换的素材，按 X 键创建出点和入点，如图 3-83 所示。

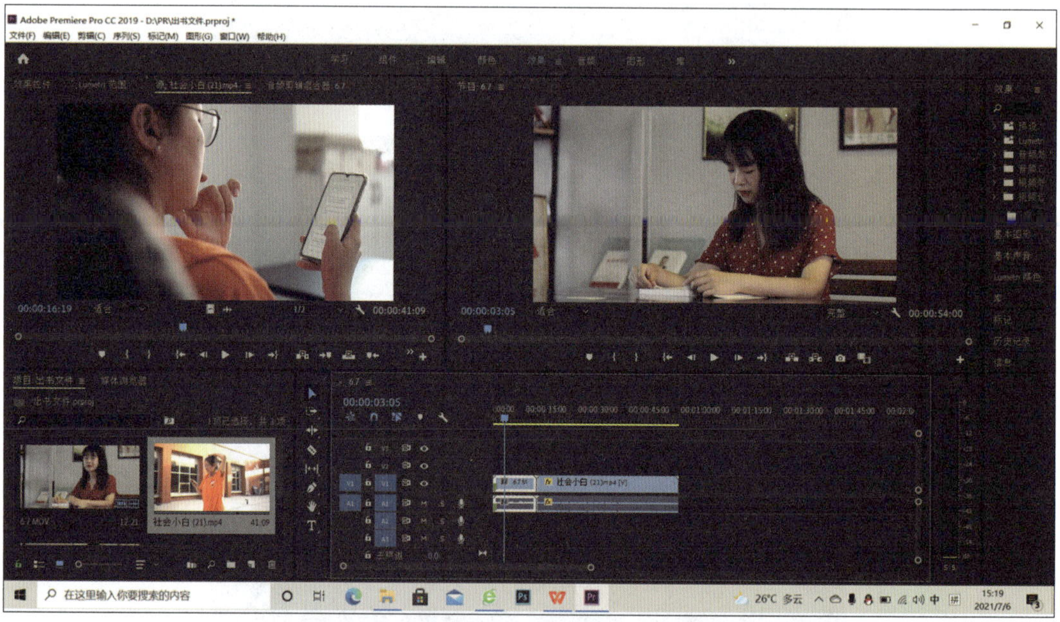

图 3-82　替换素材

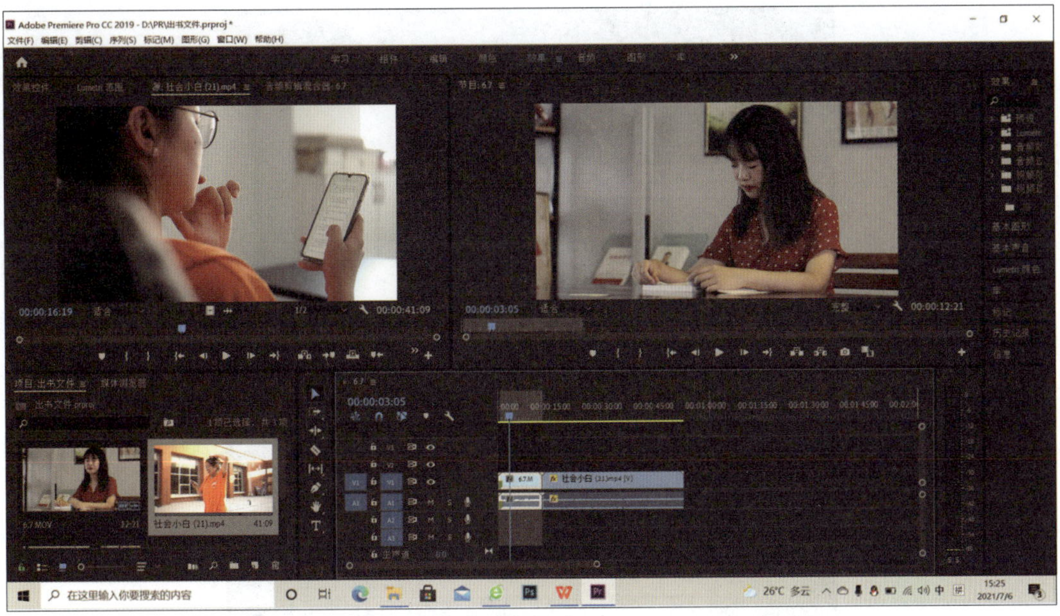

图 3-83　创建出点和入点

对需要插入覆盖的素材进行出点入点标记，单击“覆盖”按钮，如图 3-84 所示。

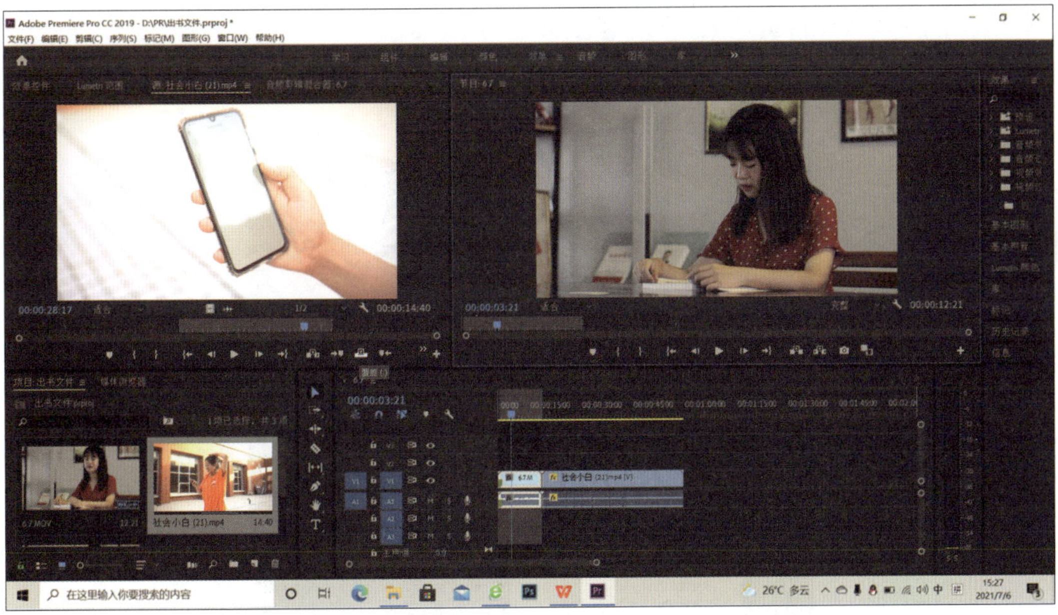

图 3-84　插入覆盖

由于设置了出入点，会造成计算机不知道按照哪一个点进行覆盖（出点、入点），如果说素材只有入点进行替换，此时可以清除出点，直接进行覆盖。

如果素材时间为不可修改的，此时选择好替换素材合适的出入点，单击“覆盖”按钮，便能按照对话框进行相对应的匹配，如图 3-85 所示。

图 3-85　按照“适合剪辑”对话框设置进行匹配

注意：如果被替换的素材已经添加了效果，那么效果会在替换后消失，以上效果只适用于没有经过处理的素材（如调色等特效命令）。

假设被替换素材添加过效果，右击时间轴上的素材并选择“使用剪辑替换”，如图 3-86 所示。

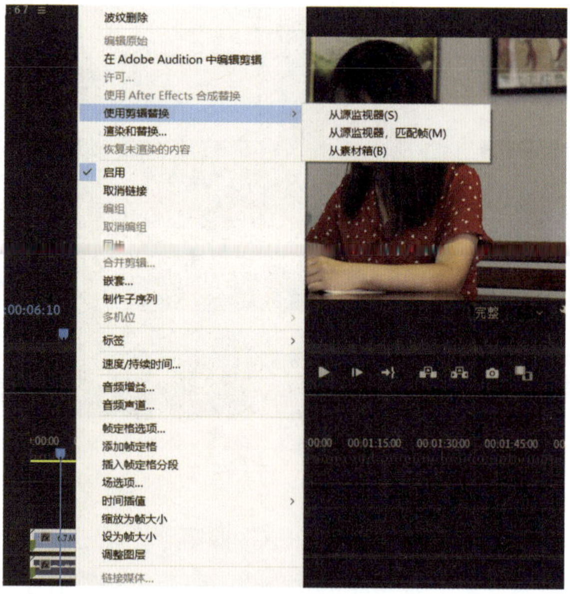

图 3-86　右键菜单

在级联菜单中选择“从源监视器”，此时可以看到已经替换了，如图 3-87 所示。

图 3-87　替换效果

此时查看“效果控件”可以发现原来的效果已经替换到素材中。

下面介绍剪辑替换的两种常用方法（右键菜单如图 3-88 所示）。

图 3-88　右键菜单

1. 从源监视器

从源监视器进行匹配入点不会整段进行替换，此选项只会按照一个点进行匹配并且向后延伸素材，如图 3-89 和图 3-90 所示。

图 3-89　“从源监视器”替换

图 3-90　替换效果

替换素材的源监视器第一帧与时间轴第一帧除控制效果以外其余的都相同。

从源监视器匹配帧。在源监视器中找到需要插入的那一帧，右击并选择“从源监视器，匹配帧”，如图 3-91 和图 3-92 所示。

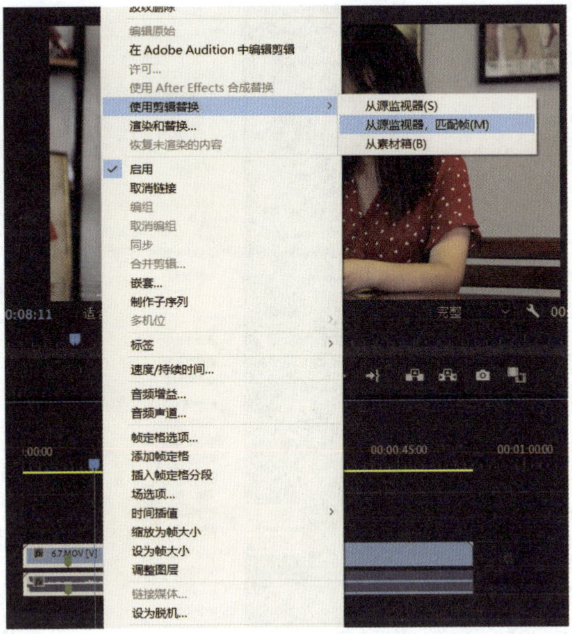

图 3-91　右键菜单

图 3-92　匹配效果

2. 从素材箱

首先选择时间轴中的素材，然后选择素材箱中的素材，此时把鼠标拖回时间轴，右击并选择“使用剪辑替换”级联菜单中的“从素材箱”，即可把素材箱中的素材替换到时间轴上，如图 3-93 和图 3-94 所示。

图 3-93　从素材箱替换

图 3-94　替换效果

3.9　效果控件

视频效果控件主要有三类：运动、不透明度、时间重映射，如图 3-95 所示。

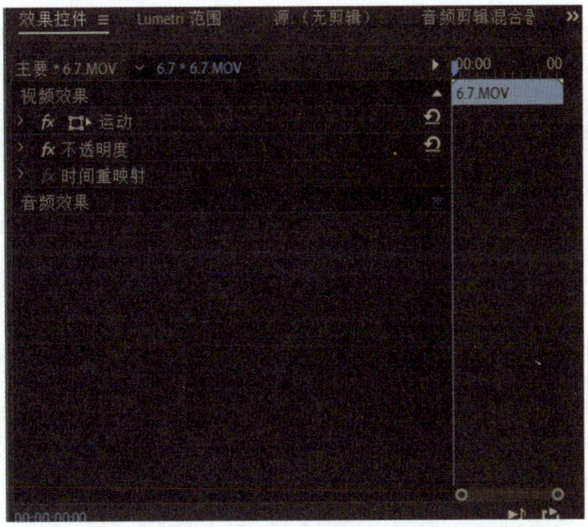

图 3-95　视频效果控件

- 运动：可以对视频进行缩放、位置移动、旋转等操作，如图 3-96 中左上角对应的各项参数数值。

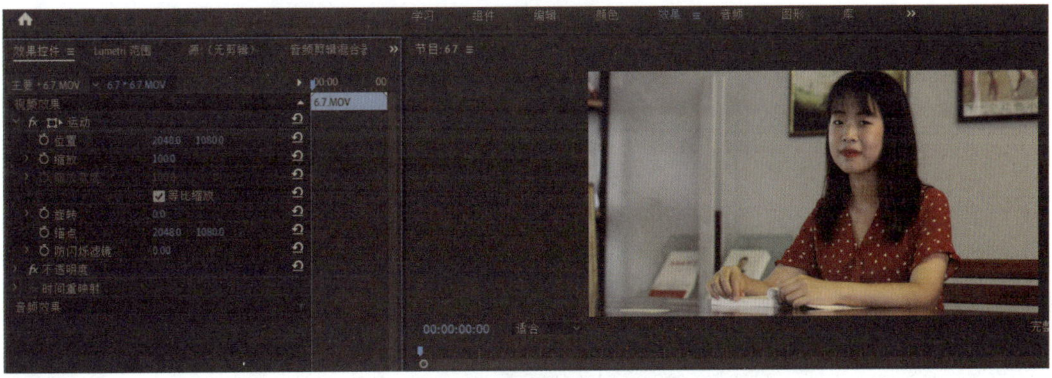

图 3-96　运动视频效果参数

- 不透明度：调节视频的不透明度，可以运用在视频的缓入缓出上。
- 时间重映射：用 PR 的速度持续时间修改速度，还需要剪辑片段和设置参数，步骤比较烦琐。而使用时间重映射这个工具就可以迅速实现加速、减速、倒放、静止，可使画面产生节奏变化，再配合恰当的背景音乐，会使剪辑效果瞬间提升。

3.10　案例分析

案例 1：关键帧缩放。

关键帧的处理是 Premiere Pro 中动画效果的基础。

（1）导入素材并建立序列，注意序列的帧大小是否符合要求，如图 3-97 和图 3-98 所示。

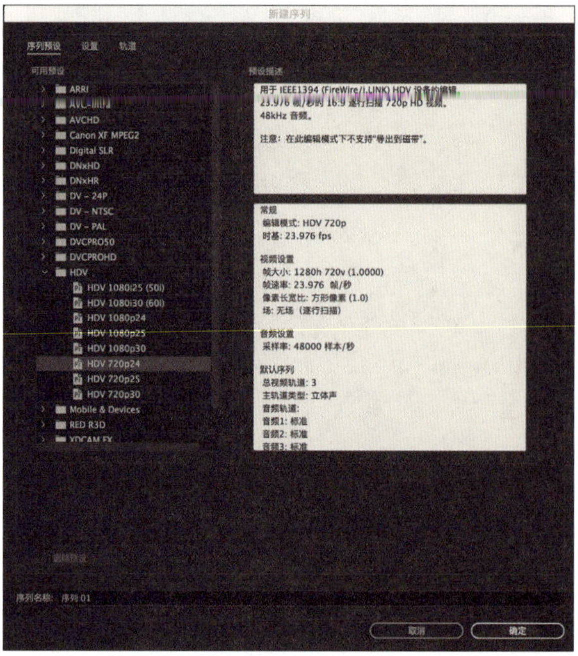

图 3-97　导入素材

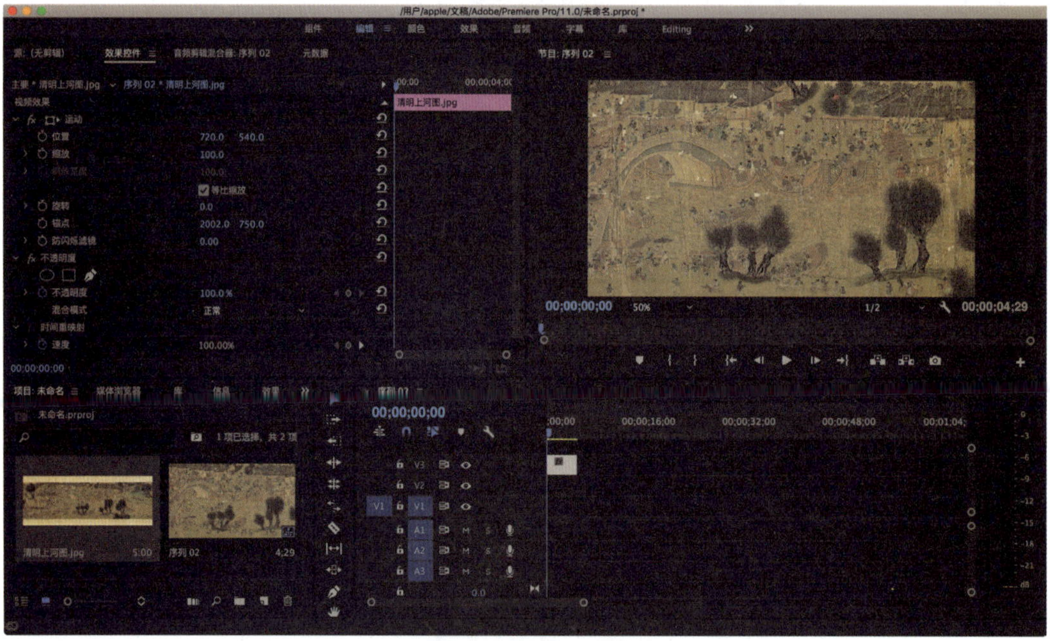

图 3-98　建立序列

（2）将素材拖拽到时间轴上并选中该段素材，打开“效果控件”面板，在“运动”选项下有一个“缩放”选项，如图 3-99 所示。

（3）将时间轴上的光标拖到适当位置，单击“缩放”前面的小钟表图标，图标变蓝表示关键帧开启，灰色表示关键帧关闭。关键帧开启后在时间轴上会出现相应的关键帧标记，关键帧的数值可以手动进行修改。

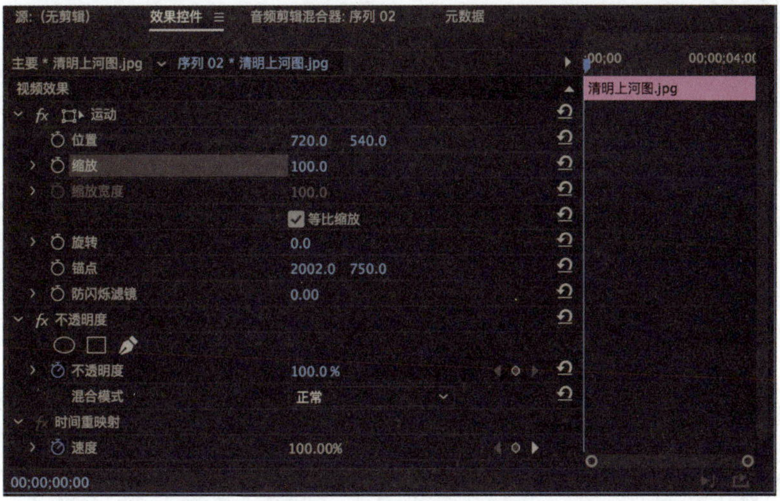

图 3-99 “缩放”选项

（4）拖拽光标到适当位置，单击缩放数值（150）后面的蓝色圆点，添加（或删除）关键帧，添加关键帧后可以同步骤（3）操作，改变关键帧的数值，如图 3-100 所示。

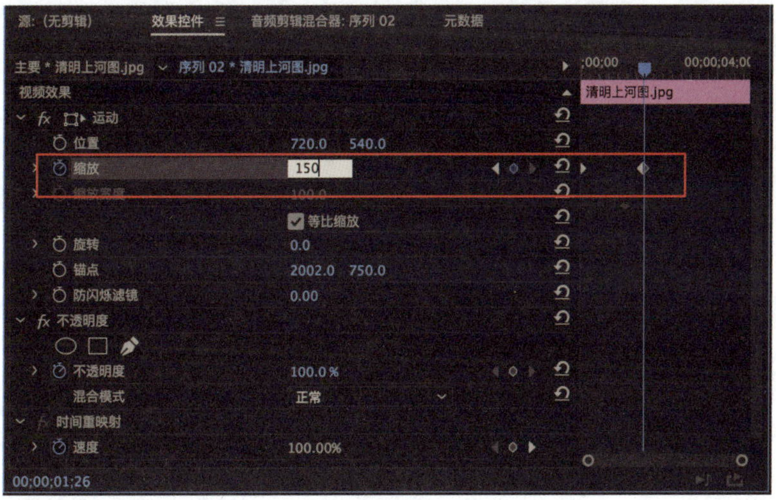

图 3-100 添加或删除关键帧并修改数值

（5）通过更改两个关键帧的数值实现素材的缩放动画效果，按空格键预览动画效果，如图 3-101 所示。

案例 2：关键帧移动。

（1）与缩放的关键帧操作相同，在“效果控件”面板中找到“位置”选项，如图 3-102 所示。

（2）更改位置的参数，第一个数值控制 Y 轴移动，第二个数值控制 X 轴移动，如图 3-103 所示。

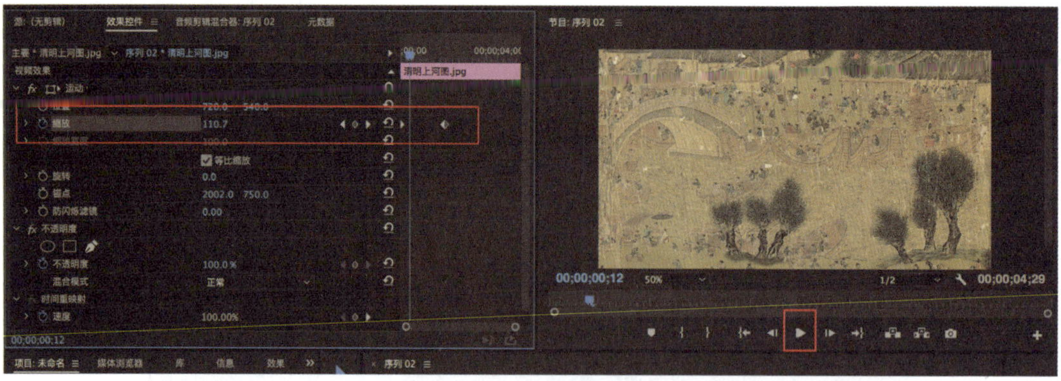

图 3-101　预览动画效果

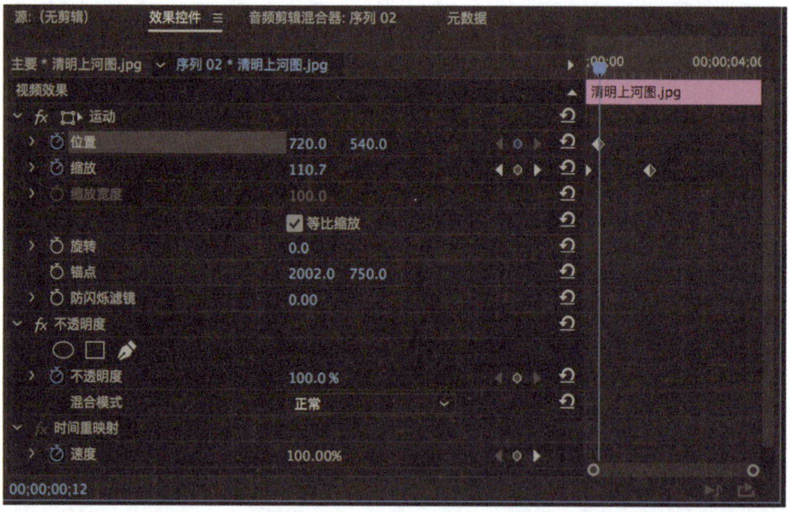

图 3-102　“效果控件”面板

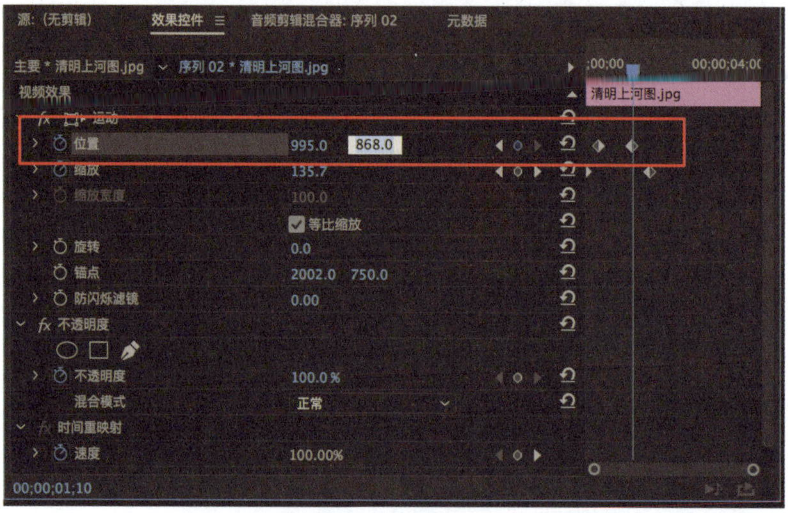

图 3-103　更改位置参数

（3）添加第三个关键帧，更改数值，如图 3-104 所示。

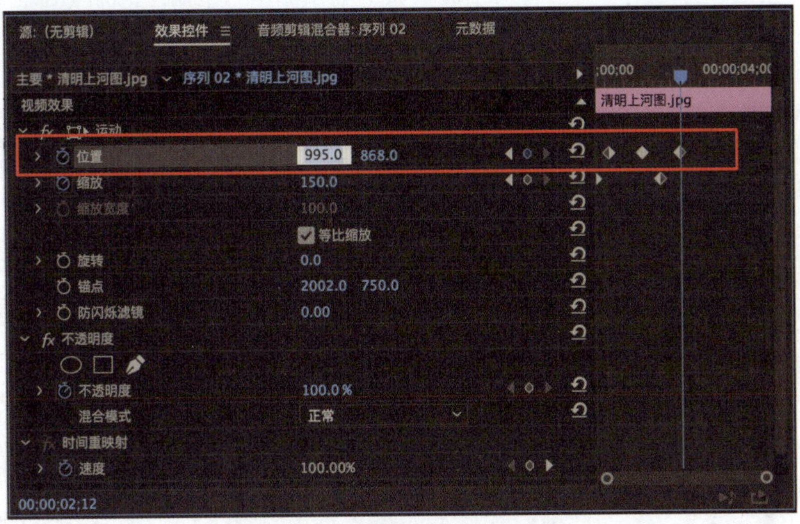

图 3-104　添加关键帧并更改数值

（4）按空格键播放，实现素材的缩放与移动同时发生的动画效果，如图 3-105 所示。

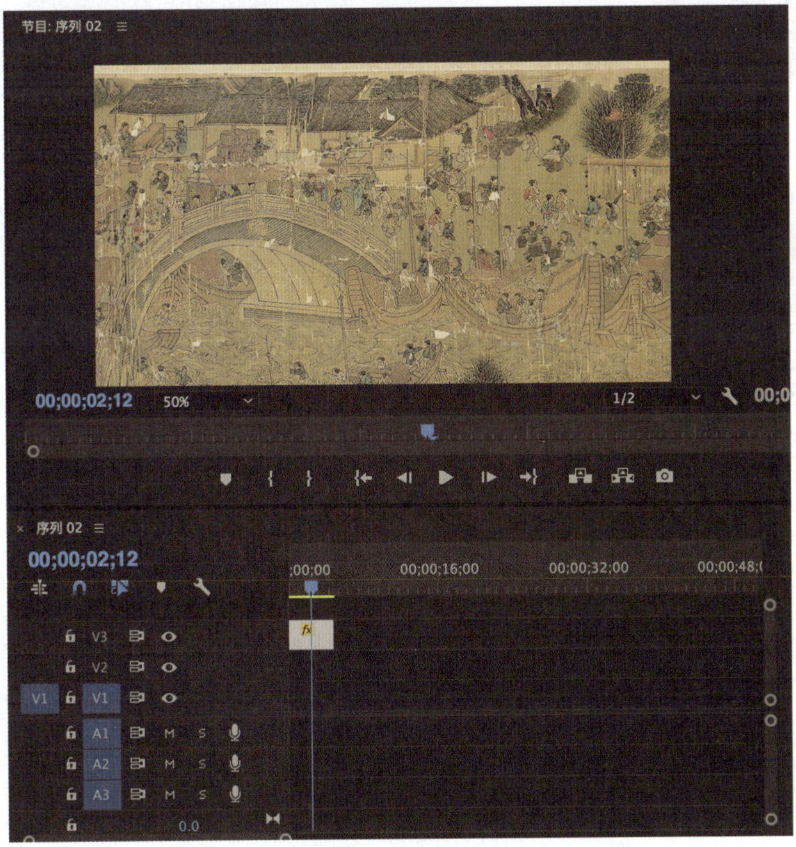

图 3-105　预览动画效果

案例 3：关键帧旋转。

（1）选择“旋转”命令（如图 3-106 所示），打开旋转关键帧，添加关键帧并更改其数值，如图 3-107 所示。

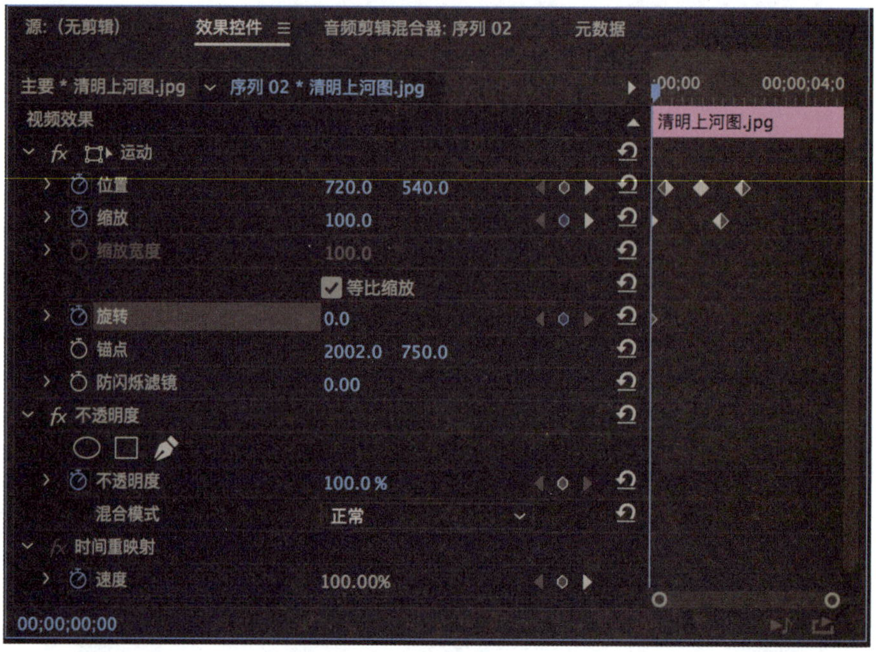

图 3-106　选择“旋转”命令

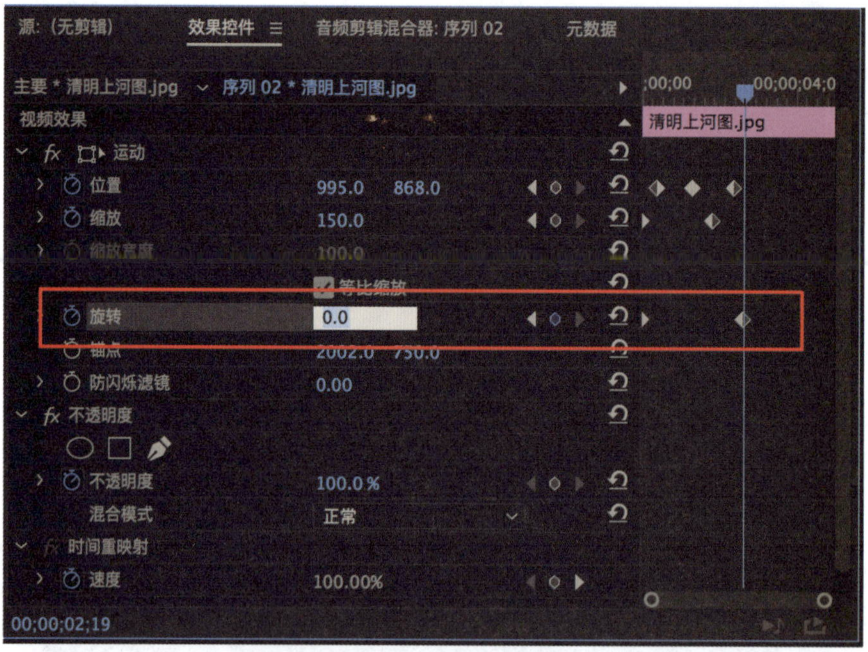

图 3-107　更改关键帧数值

（2）添加关键帧，更改旋转的角度，90 度为直角；旋转度数更改为 180 度时为水平翻转，如图 3-108 所示；旋转角度为 360 的倍数时显示数值为圈数 1×0.0°，如图 3-109 所示。

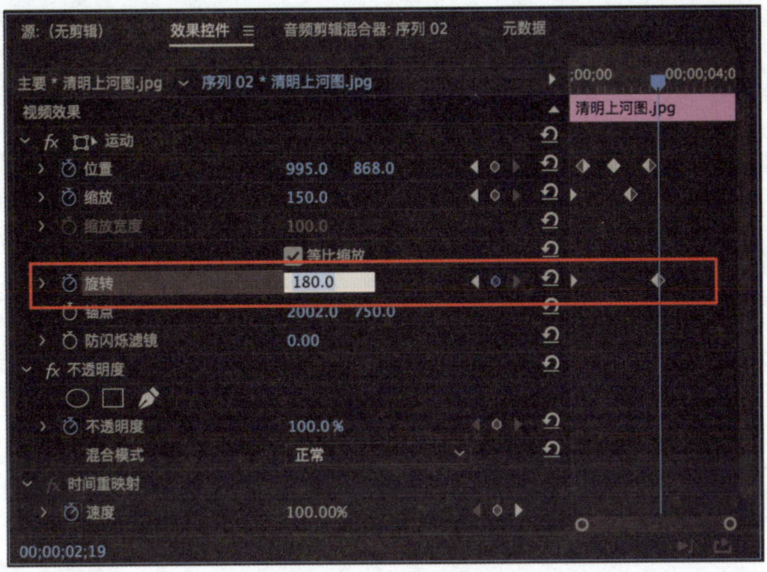

图 3-108　水平翻转

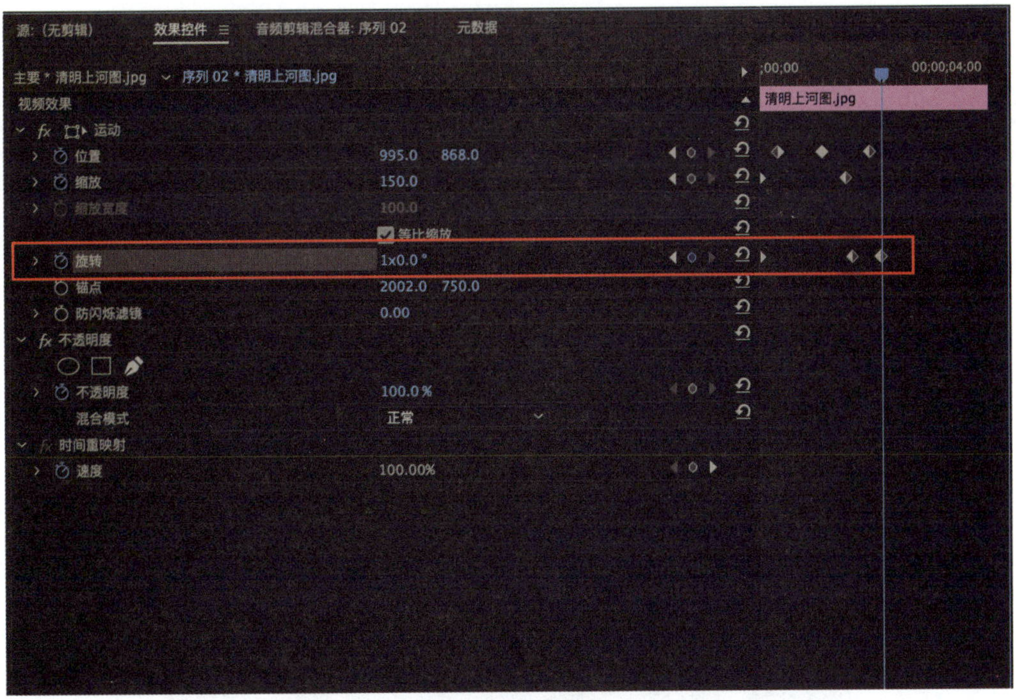

图 3-109　旋转圈数

案例 4：时间重映射。

（1）导入素材并建立序列，观察序列，选中合适做变速的区间，如图 3-110 所示。

图 3-110　选择合适做变速的区间

（2）打开“效果控件”面板，找到“速度”选项，如图 3-111 所示。

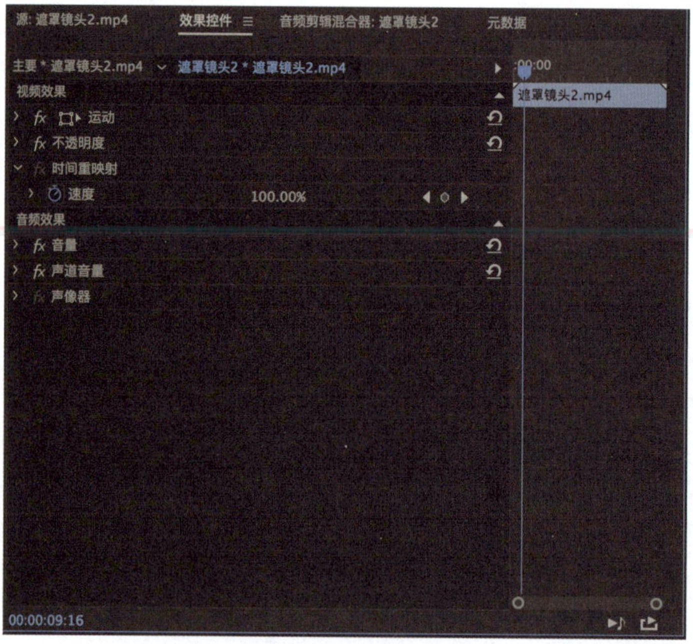

图 3-111　“效果控件”面板

（3）回到“时间轴”面板，选中素材，拖动光标到合适位置，如图 3-112 所示。

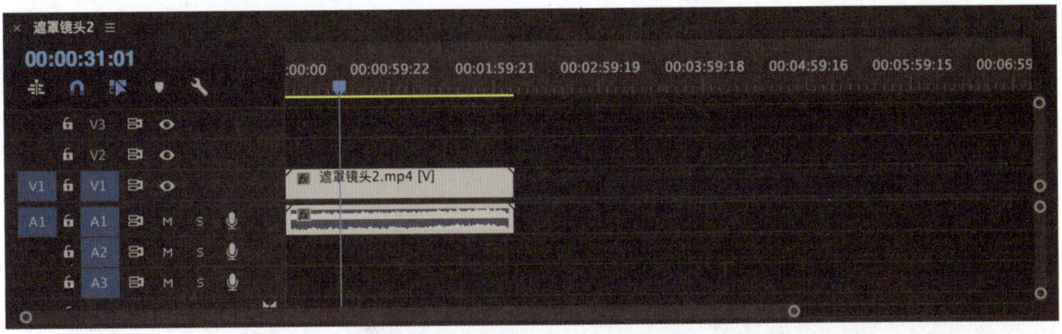

图 3-112　在“时间轴”面板中拖动鼠标到合适位置

（4）选中视频轴的上下边缘，将时间轴上的视频素材拖宽到合适大小，如图 3-113 所示。

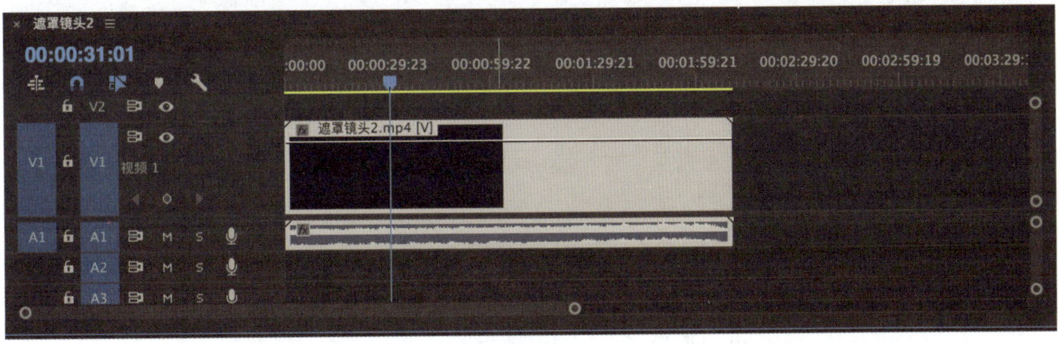

图 3-113　拖宽视频素材到合适大小

（5）右键选中视频素材左上角的 fx 图标，选择“时间重映射”下拉菜单中的“速度”，如图 3-114 所示。

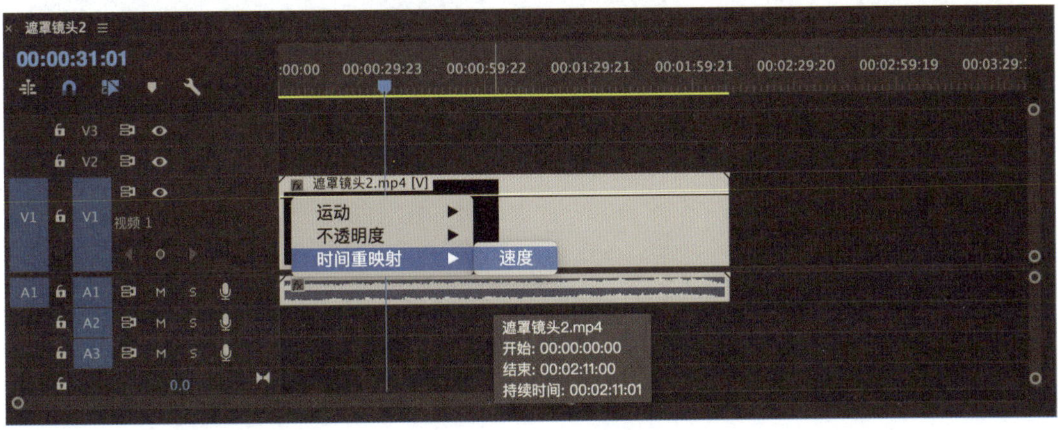

图 3-114　选择“速度”

（6）可以观察到素材变成上下均分的样式，中间分割线为速度线。回到“效果控件”面板，使用“时间”按钮在时间轴上打下关键帧（关键帧的其他操作与前面相似），如图 3-115 所示。

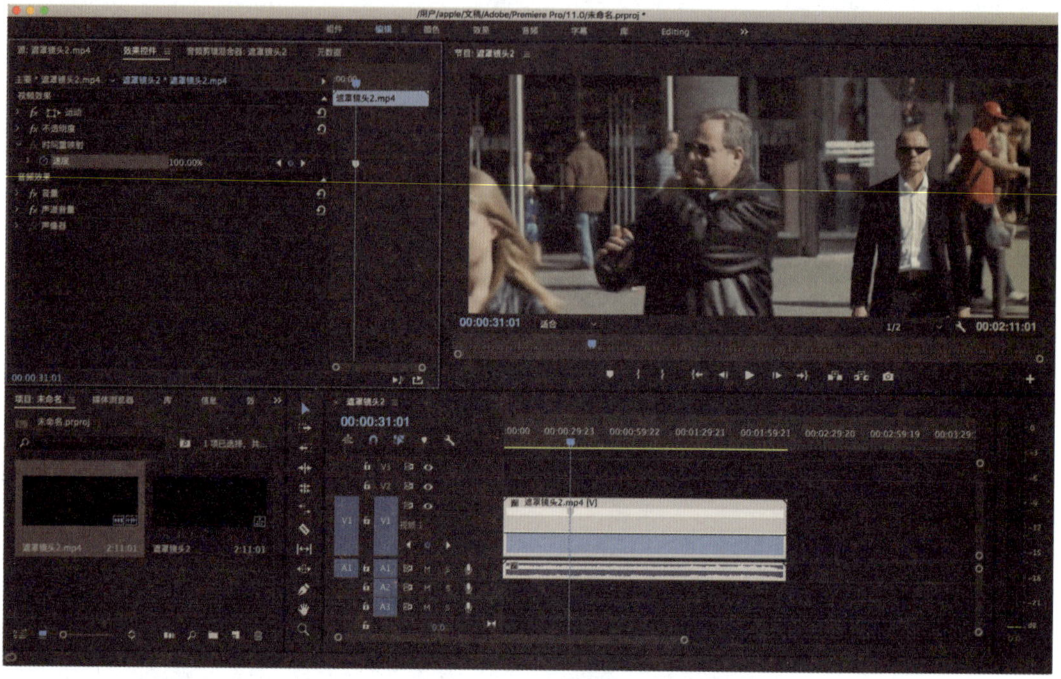

图 3-115　打下关键帧

（7）将两个关键帧中间的速度线向上拖拽加速，向下拖拽减速，加速时视频长度会相应缩短，反之则变长，如图 3-116 所示。

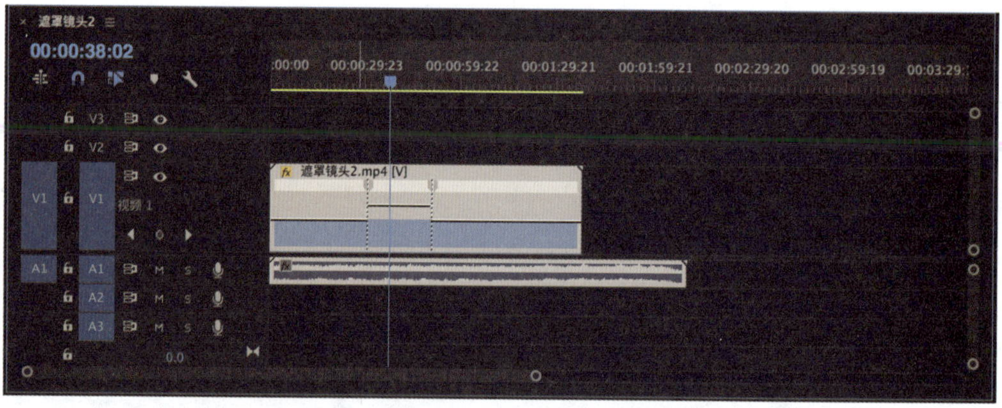

图 3-116　拖动速度线加速 / 减速

（8）两个关键帧点可以拆开变成渐变梯形，速度坡度增加，如图 3-117 所示。

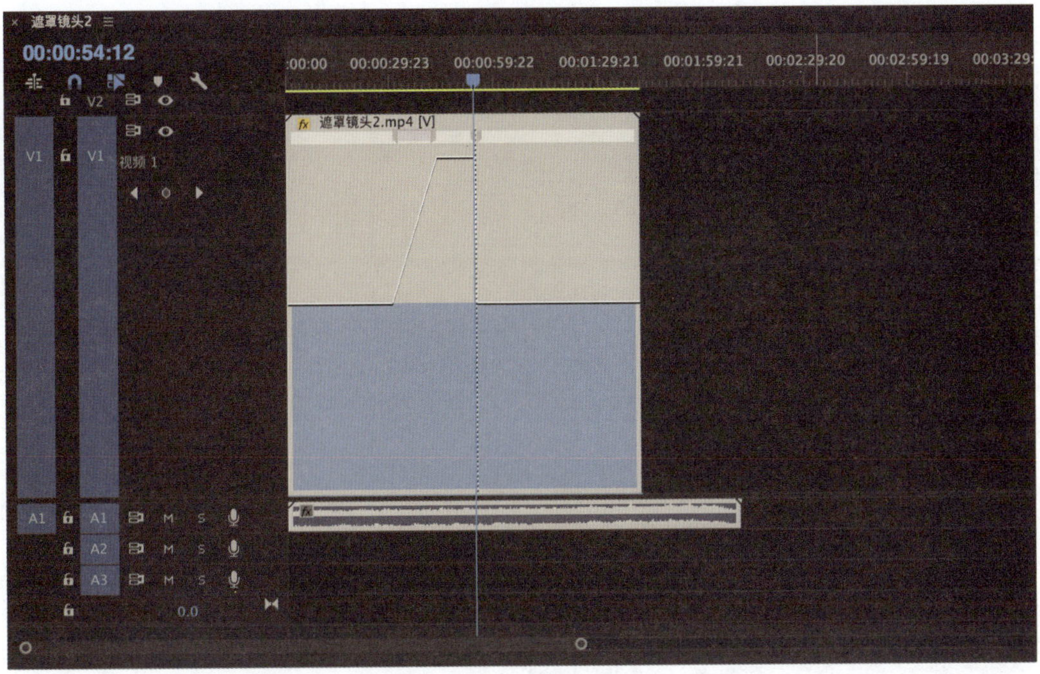

图 3-117　拆分关键帧点

（9）拖拽速度线中间的扳手使速度曲线变成弧线，和缓变速，如图 3-118 所示。

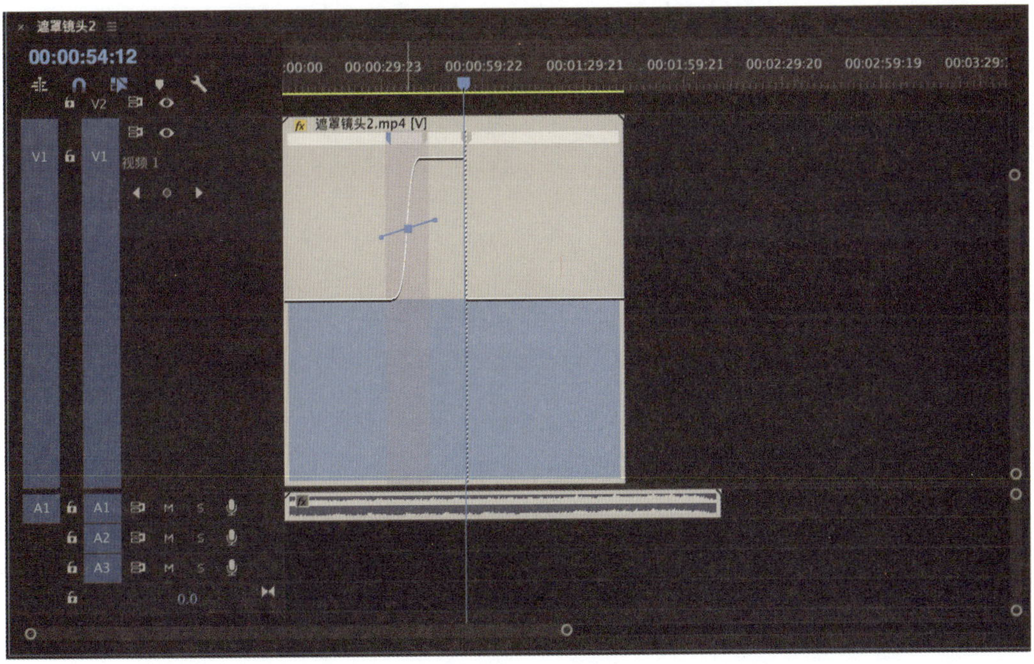

图 3-118　和缓变速

案例 5：水墨转场（最终效果如图 3-119 所示）。

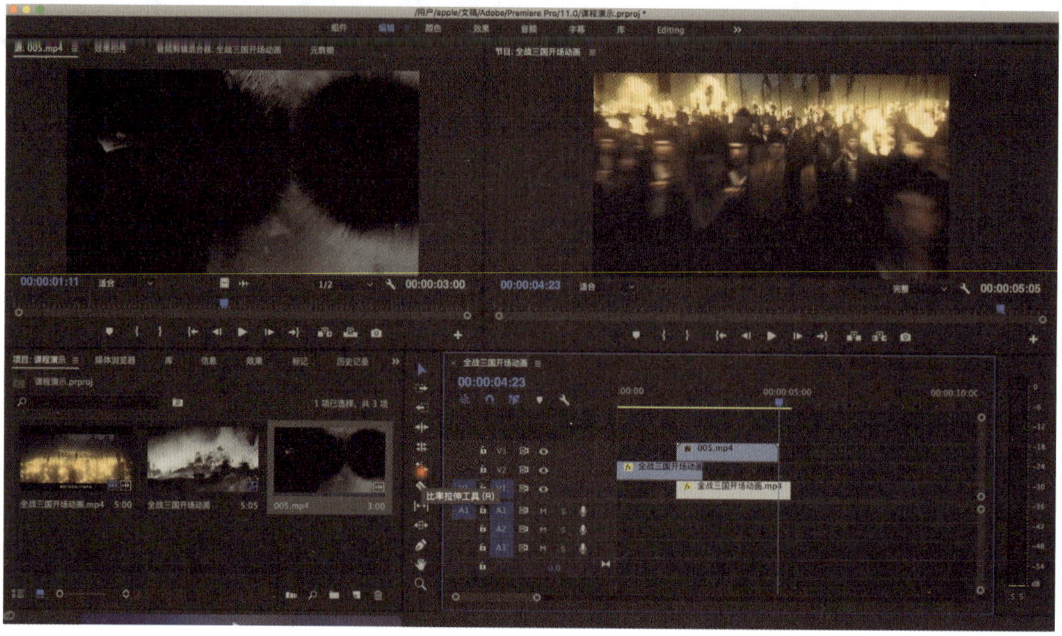

图 3-119 水墨转场最终效果

（1）将转场的视频素材和水墨素材导入素材箱。

（2）将转场素材与水墨素材叠放在时间轴上，水墨素材放在最上层的 V3 轨道上，如图 3-120 所示。

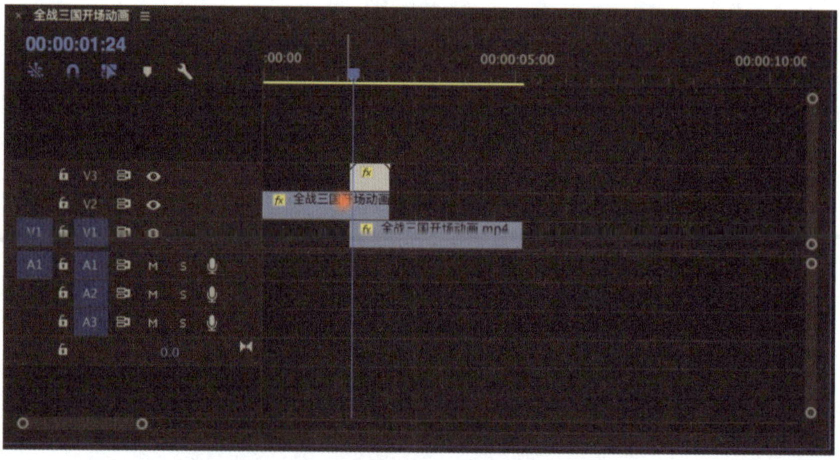

图 3-120 导入素材并放到时间轴上

（3）打开 Premiere Pro 的“效果”面板，搜索“轨道遮罩键”，如图 3-121 所示。

（4）将 V2 轨道上的视频素材进行裁剪操作，并将轨道遮罩键效果拖拽到这段裁剪后的素材上，更改“效果控件”面板中的轨道遮罩键参数：遮罩，调整为“视频 3”，并把合成方式改为“亮度遮罩”，如图 3-122 和图 3-123 所示。

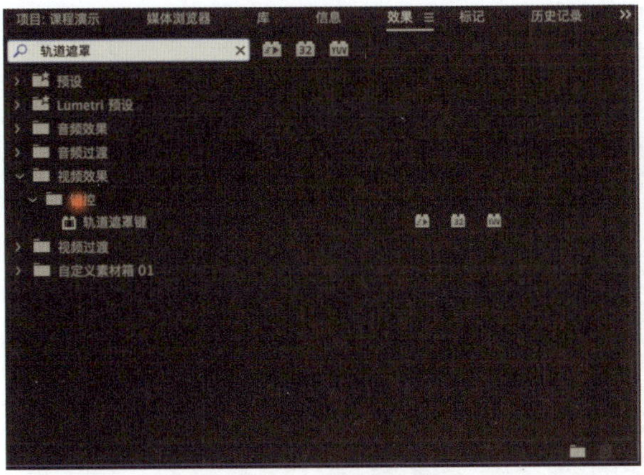

图 3-121 “效果”面板

图 3-122 参数设置

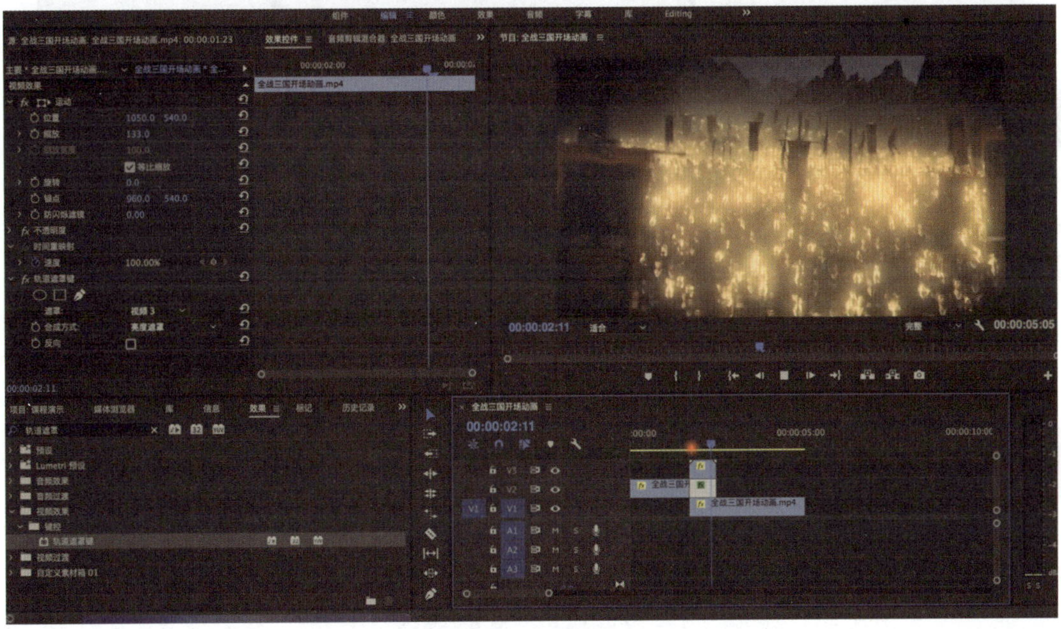

图 3-123 设置效果

（5）拖拽滴水的声音素材到音频轨道，调整其位置使其匹配水墨转场效果，如图 3-124 和图 3-125 所示。

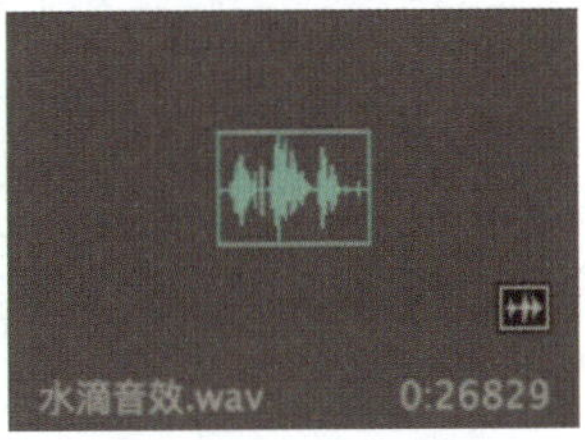

图 3-124 声音素材

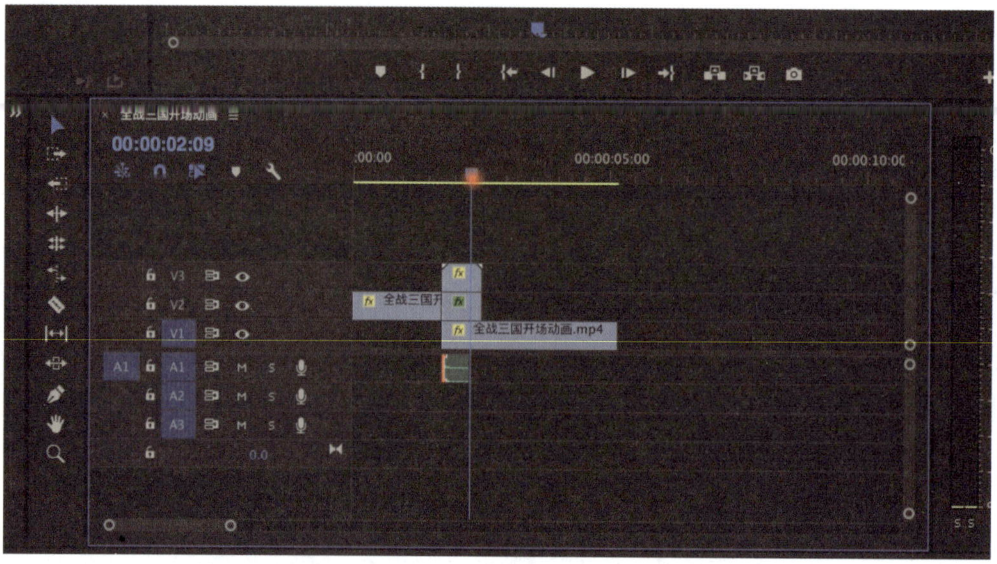

图 3-125　设置效果

案例 6：声音调整。

（1）拖拽声音素材到时间轴并建立序列，可以通过右边的色块条观察音频的声音大小，顶端颜色偏红则声音过大，如图 3-126 和图 3-127 所示。

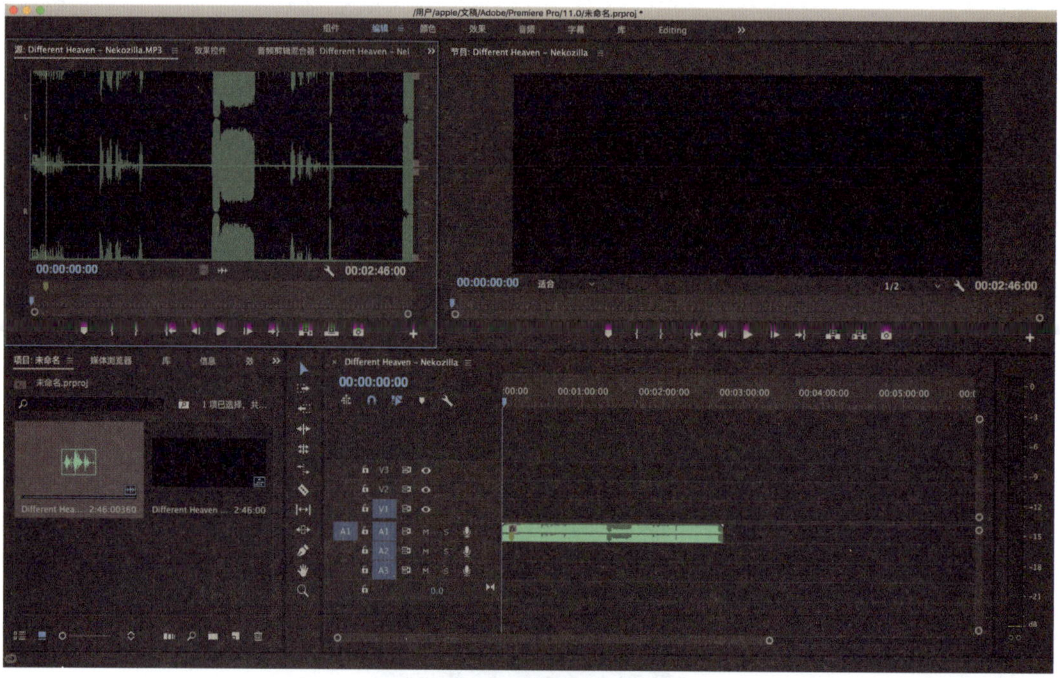

图 3-126　导入素材并建立序列

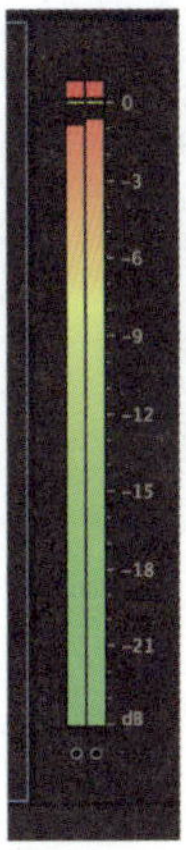

图 3-127　观察音频声音大小

（2）调整音频增益，正数为增加音量，负数为降低音量，如图 3-128 和图 3-129 所示。

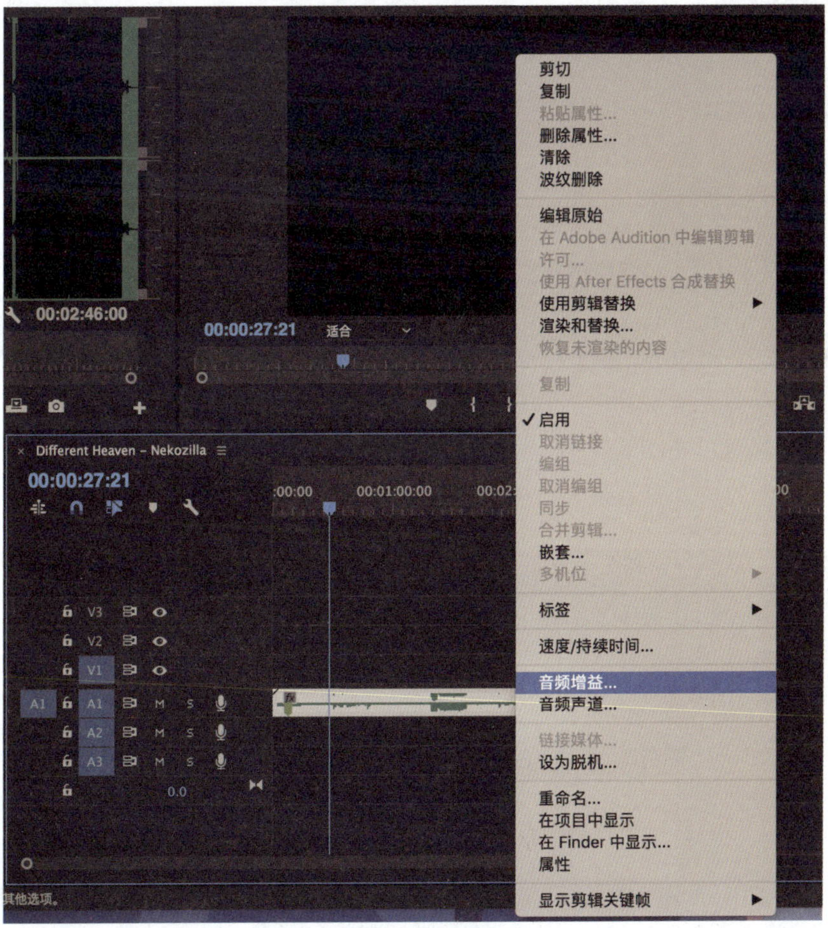

图 3-128　调整音频增益

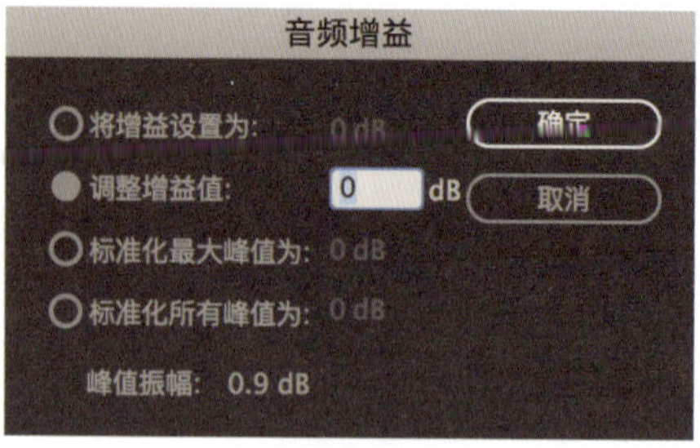

图 3-129 “音频增益”对话框

（3）也可以拖动音频素材中的中线来调整音频增益，向上为放大音量，向下为降低音量，如图 3-130 所示。

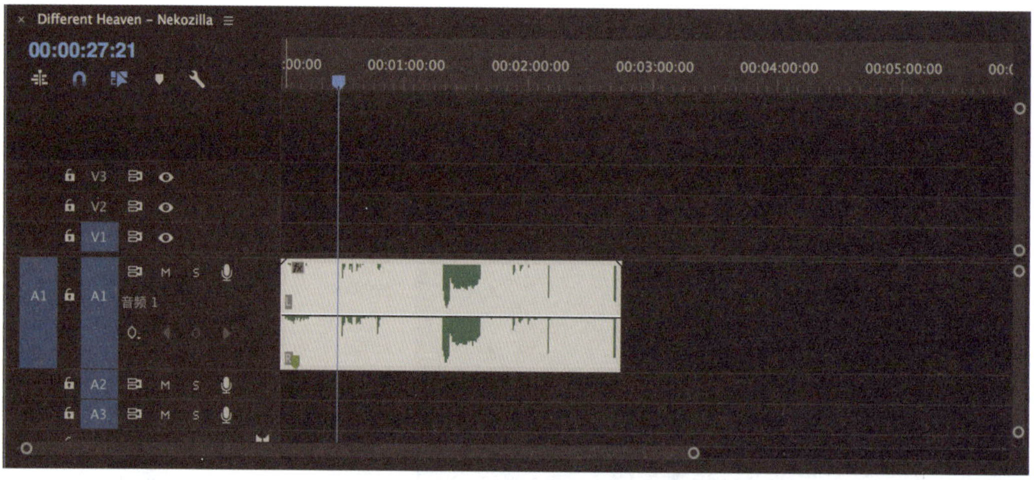

图 3-130 拖动中线调整音频增益

（4）可以通过单击“音频轴”面板中的“添加关键帧”按钮在音频线上打上关键帧然后拖动关键帧完成音频音量大小渐变的效果，如图 3-131 所示。

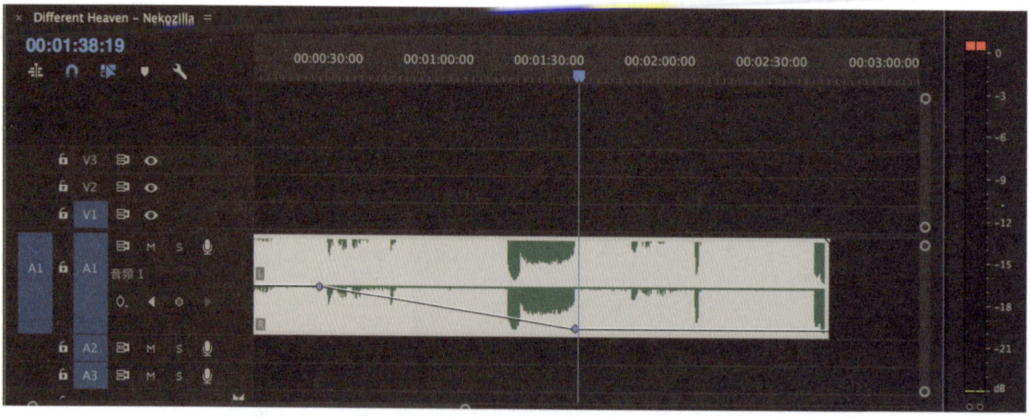

图 3-131 通过关键帧调整音频增益

习题 3

1．完成案例 3 关键帧旋转制作并将其分别输出为 H.264、MOV、AVI 几种格式，观察文件大小有什么不同。

2．完成案例 5 并将其输出为 JPG 序列格式，然后把输出的 JPG 序列导入 PR 再将其输出为 H.264 格式，比较与直接输出 H.264 格式的大小。

第 4 章　插件讲解

本章导读

Premiere 这款软件之所以被推广，是因为其软件平台的开放性。Premiere 除了软件自带的剪辑、调色等特效制作功能外还有强大的插件支持。本章讲述两款功能非常强大的调色插件，能快速帮助我们完成影片的后期调色，建立调色的信心。

后期影视所涉及的插件一般分为两类，一类是无须安装的，将压缩包解压后，把文件复制到规定的文件夹内即可；另一类则需要进行程序的安装，就像安装软件一样需要按步骤进行安装。无论哪一类插件，最重要的是选择正确的文件安装路径，只有将插件安装在正确的文件夹内，插件才能在软件中正确显示并使用，如图 4-1 所示。

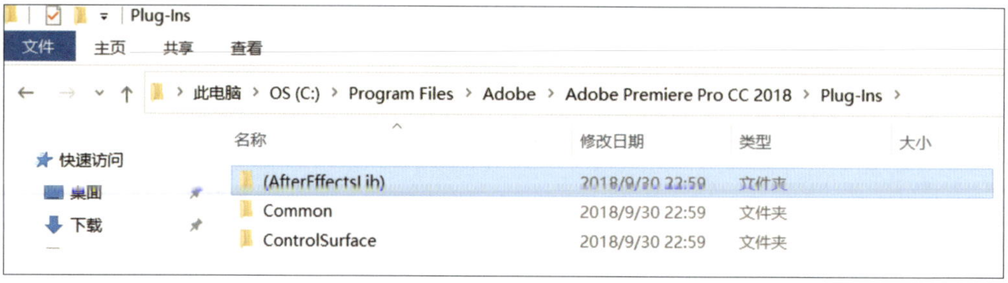

图 4-1　将插件安装在正确的文件夹内

4.1　校色

（1）如图 4-2 所示，在 Premiere 的“效果”面板中找到效果插件，即 Colorista 选项，将其选中并拖入需要调整的视频素材中。打开颜色导向矫正命令（如图 4-3 所示的 Guided Color Correction 按钮），进入矫正的顺序流程，如图 4-4 所示。

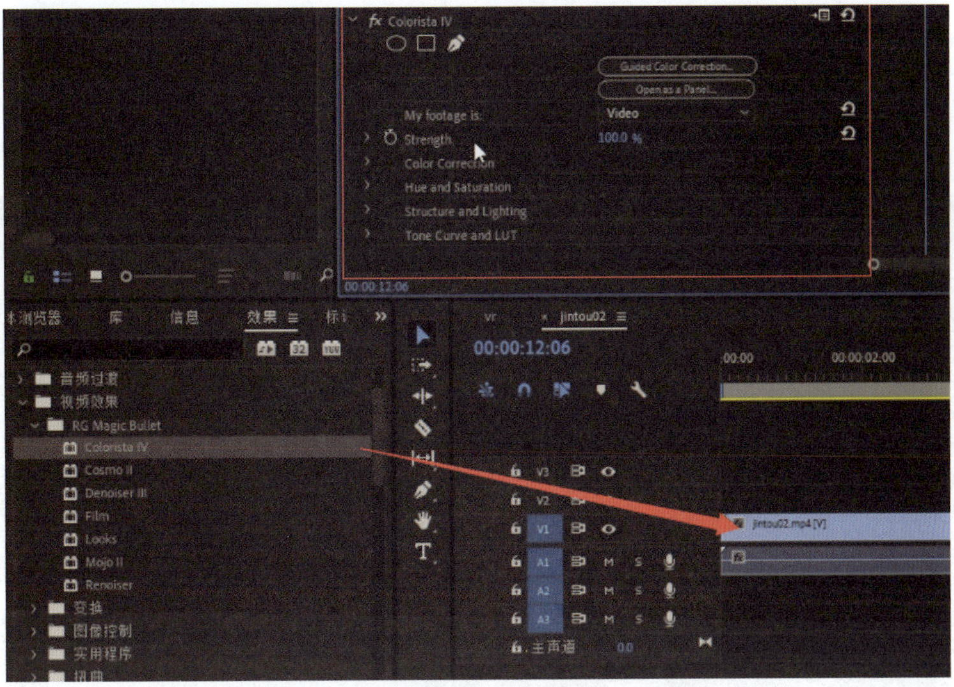

图 4-2 “效果”面板

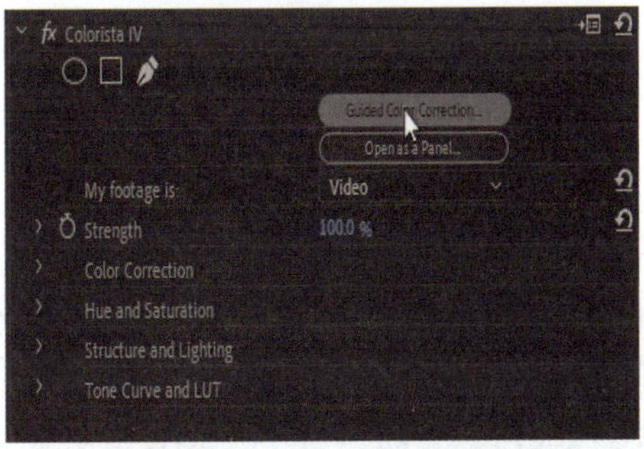

图 4-3 打开颜色导向矫正命令

图 4-4 进入矫正的顺序流程

（2）进入之后选择调整的素材的视频格式。根据视频格式进行选择，以 log 素材为例，单击箭头选择 log 素材模式（log 素材是一种特殊的视频格式，即为灰度视频格式，这种格式最大限度地保留了拍摄时高光和阴影的细节，非常适合后期进行颜色与光线调整），然后单击右箭头进行下一步调整，如图 4-5 所示。

图 4-5　单击右箭头进行下一步调整

（3）根据需求调整视频中的黑色元素，使用左右箭头移动光标点，注意不要将光标调到颜色预警线以内，否则会出现视频暗部过多的地方丢失，如图 4-6 所示。

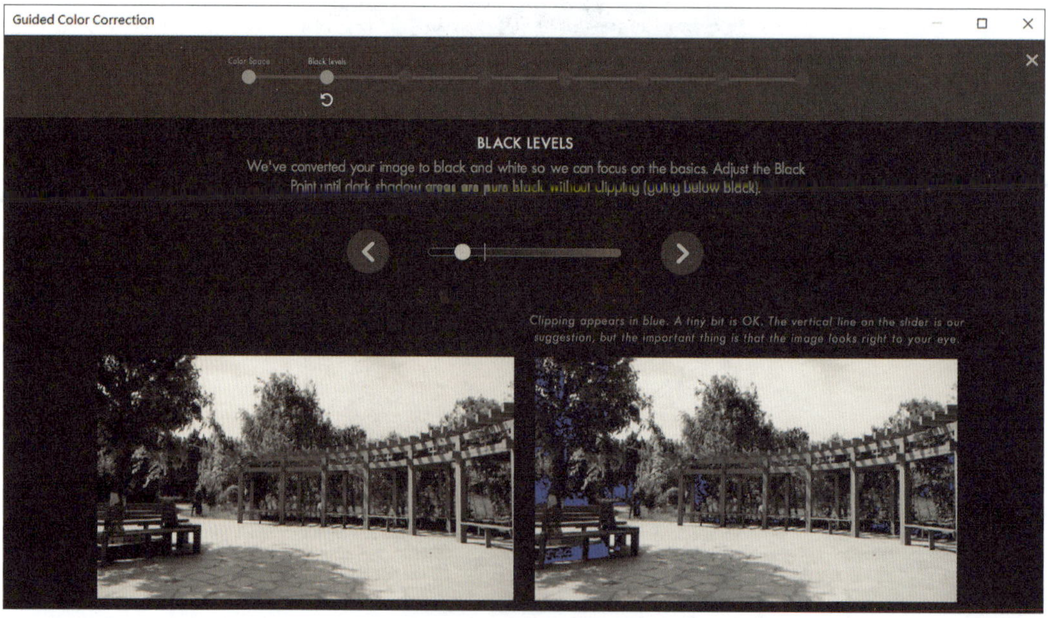

图 4-6　调整黑色元素

（4）调整视频中的白色元素，注意不要超过颜色预警线，否则会出现视频亮部过多的地方丢失，如图 4-7 所示。

图 4-7　调整白色元素

（5）调整视频颜色中间调，调整方法与调整黑色和白色部分相同，如图 4-8 所示。

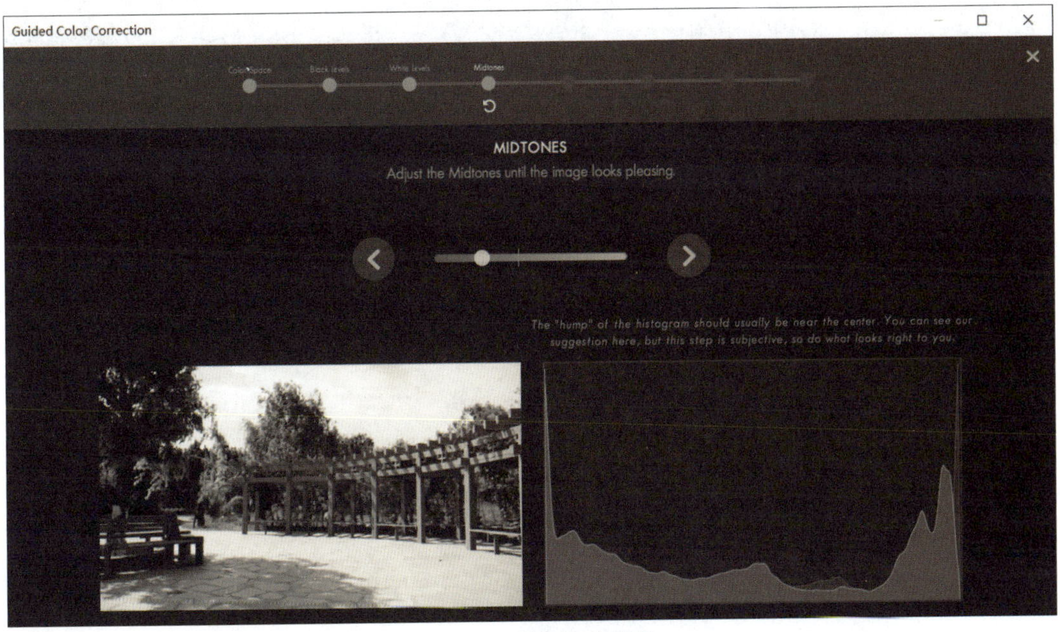

图 4-8　调整颜色中间调

（6）对比度矫正，圆圈越靠左视频色彩越浅，圆圈越靠右视频色彩越浓，如图 4-9 所示。

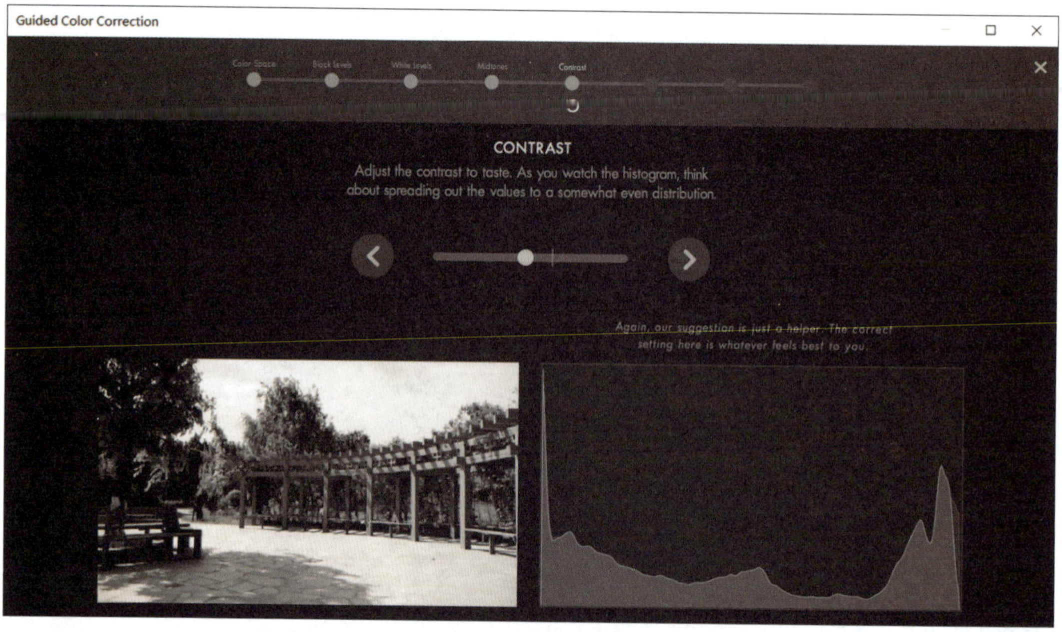

图 4-9　对比度矫正

（7）调整色相，圆圈越靠右视频饱和度越高，如图 4-10 所示。

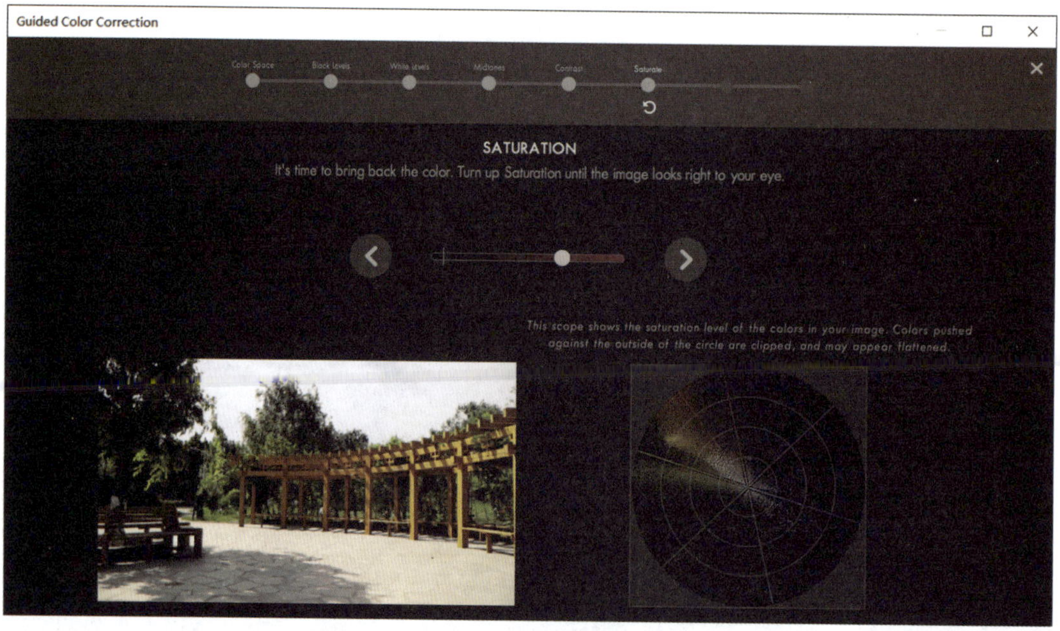

图 4-10　调整色相

（8）调整视频颜色偏差，如图 4-11 所示。

注意：此功能不是调色，只是让视频回归原本颜色，如果没有偏色可不作调整。

图 4-11　调整颜色偏差

（9）调整完成，单击 FINISHED 按钮可将之前调整的内容载入视频，如图 4-12 所示。

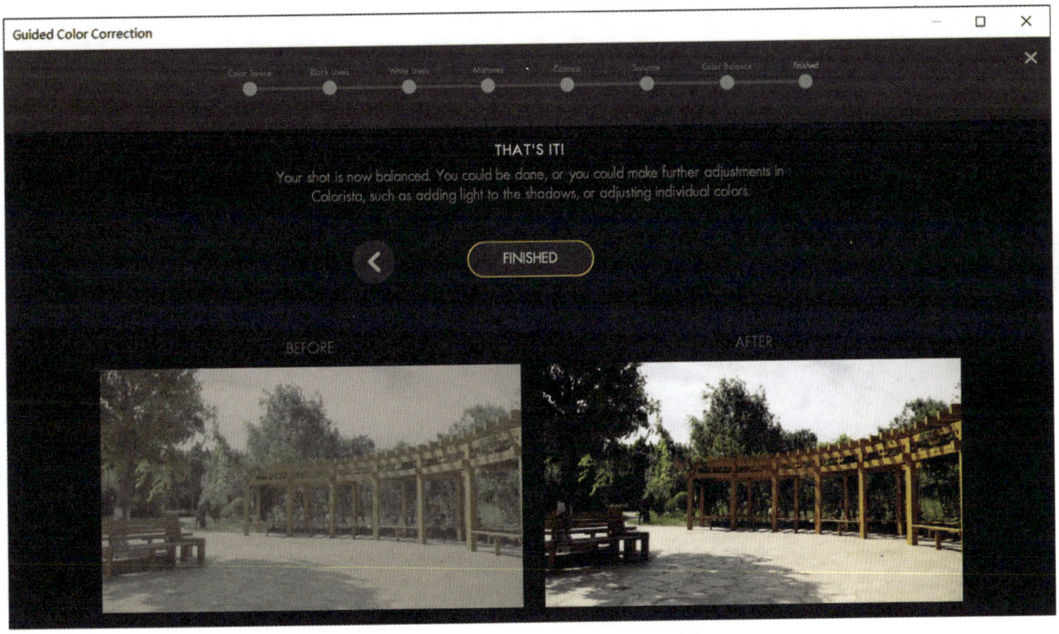

图 4-12　将调整的内容载入视频

4.2　调色

在“效果控件”面板中单击 Colorista 中的第三个选项 Color Correction，可以看到三个色轮，它们分别代表亮部（Highlight）、暗部（Shadow）和中间调（Midtone），通过亮部、暗部、中间调三色盘可对视频的颜色进行校正和调色，如图 4-13 所示。

图 4-13　颜色校正和调色

下面的三个参数分别是对视频的色温、色度和曝光的调整，如图 4-14 所示。

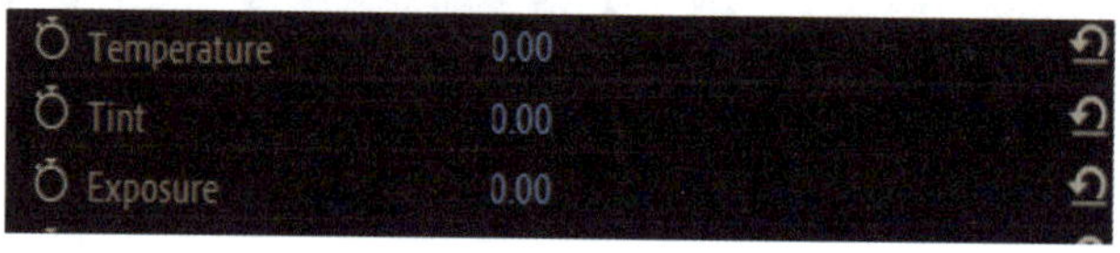

图 4-14　调整色温、色度和曝光

在“效果控件”面板中单击 Colorista 中的第四个选项 Hue and Saturation，可以看到色相饱和度、色相亮度两个调盘，使用它们可以对视频进行调色。

通过色盘对绿元素的增加，视频中的树木比之前更加春意盎然了，这样就实现了单独对某一色相进行调色，增加其饱和度，如图 4-15 所示。

图 4-15　调整色相的饱和度和亮度

通过对 Saturation 数值的增加使画面的总体色相得到提高，颜色更加饱满，如图 4-16 所示。

下面的参数是对视频亮、暗、纹理和暗角的调整，可以适当增加，使得画面更有立体感，更有层次，如图 4-17 所示。

图 4-16 调整总体色相

图 4-17 调整亮、暗、纹理和暗角

Colorista 中的最后一个选项是 Tone Curve and LUT，在其中可以看到一个坐标轴。坐标轴中的线即为对比度曲线，在线上点击可添加锚点，锚点可以使直线变为曲线，通过该曲线可以调整画面的整体对比度。单独调整白色曲线，亮部往上提，暗部往下压，使得曲线成字母“S”状（微调即可，不可太多），我们称之为 S 形曲线。如果在调完色后想要对视频进行风格化的创作，可以分别单击如图 4-18 所示的红绿蓝三个按钮，分别对红绿蓝三色曲线进行调整。

图 4-18 调整三色曲线

4.3 Magic Bullet Looks 插件应用

1. Looks 的打开及预设

在效果控件中找到 Looks 效果并将其拖入需要调色的素材中，在“效果控件”面板中找到 Looks 参数，在其子参数中单击 Edit Looks 进入 Looks 插件的调整面板，如图 4-19 所示。

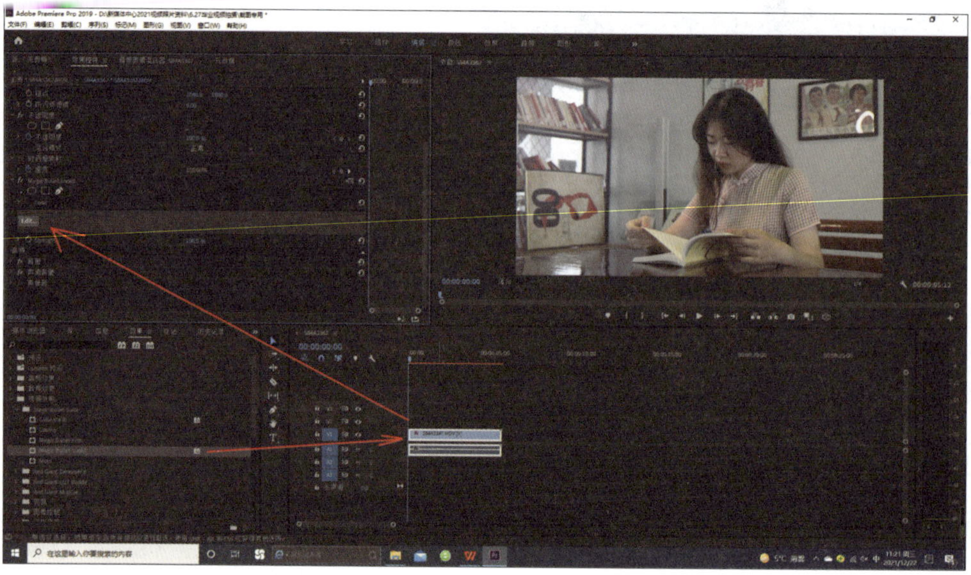

图 4-19 Looks 插件的调整面板

进入 Looks 插件，可以看到左边的缩略图，每一个缩略图是一个调色预设，它们都是调色大师精心调制的，单击鼠标左键即可看到调色后的预览效果，如图 4-20 所示。

图 4-20 调色预设及其预览效果

使用预设后仍然可以对预设的参数做二次调整，单击预设中使用的效果命令，对其进行参数的单独设置。以视频暗角为例（如图 4-21 所示），右侧的参数数值可以进行手动调整。

图 4-21　对参数数值进行调整

如果调色模板中有不想要的调色命令，可以单击右上角的禁止符号单独关闭该命令，如图 4-21 中的红色标记按钮。

在 Premiere 左上角的效果控件中的 Looks 参数前面可以看到一个按钮，单击它可以查看调色前后的对比，如果感觉效果过重，可以在下方 Strength 处调整效果百分比，直至适合自己想要的画面效果，如图 4-22 所示。

图 4-22　调色控件面板

在同样的位置下方可以单击 Looks 右下角的对钩来结束 Looks 插件完成调色，这时会返回到原本的 PR 界面。

拓展应用：单击软件左上角的“效果控件”面板，选择 Looks 参数下方的圆形、方形或者钢笔工具，可以在画面中创建蒙版选区，拖动选区大小可以使之前调色的数值只应用到蒙版选区之内，如图 4-23 所示。

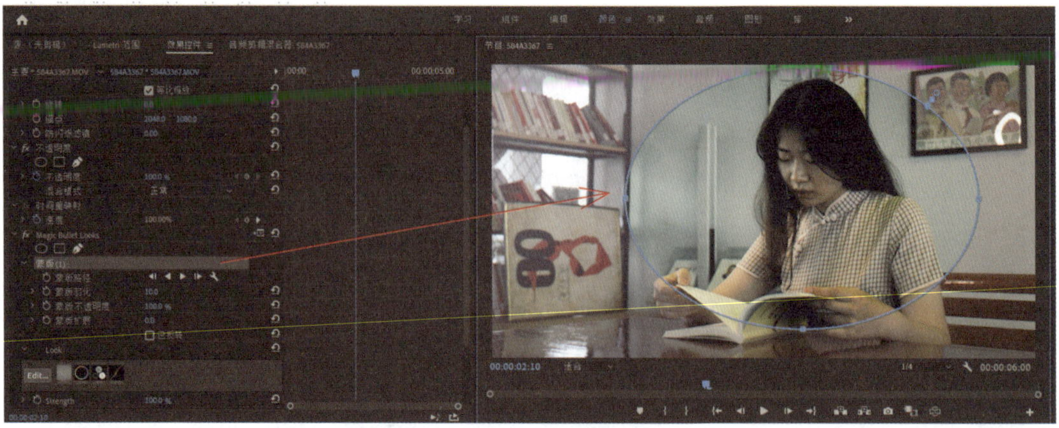

图 4-23　创建蒙版选区并应用参数值

单击“反转”按钮可以使调色的数值只应用到蒙版外。

2. Looks 命令的基本介绍

（1）在 Premiere 软件的效果控件中找到 Looks 参数，单击 Edit Looks 进入 Looks 插件的调整面板，在 Looks 面板的右侧移动鼠标调出 Looks 的效果区面板，如图 4-24 所示。

图 4-24　调出 Looks 的效果区面板

将需要用到的效果命令拖动到画面下方的区间内，如图 4-25 所示箭头所指的区域，即为视频素材添加效果。

选中添加好的效果并双击，可以看到视频素材的右边框内出现了可以调整的参数，通过调整右方的数值可对视频进行调整，如图 4-26 所示。

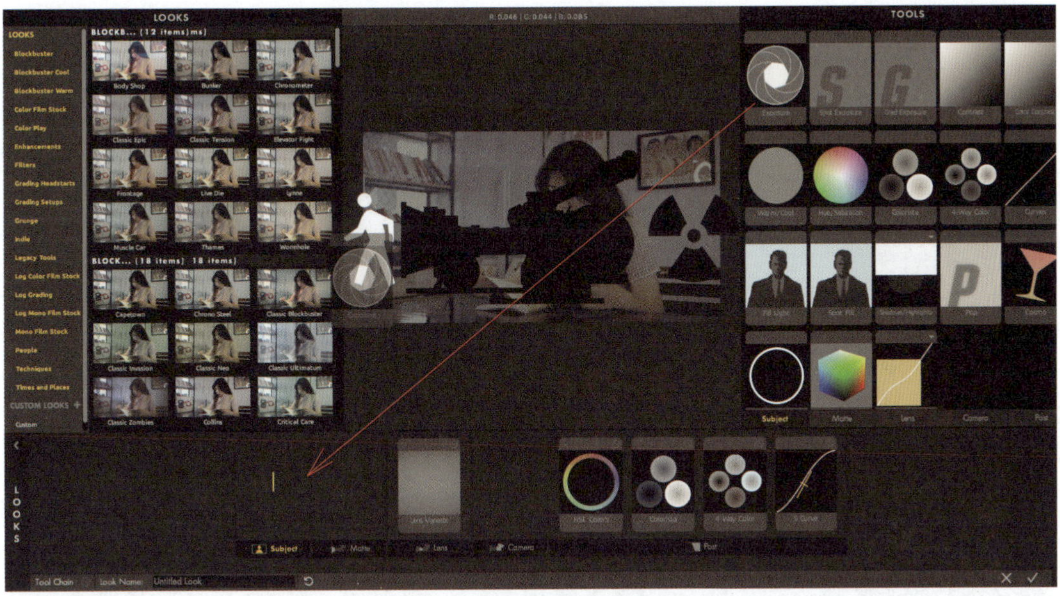

图 4-25　为视频素材添加效果

图 4-26　调整参数

注意：下面命令面板的顺序排列具有先后关系，可对其进行拖动来调整，如图 4-27 所示。

图 4-27　面板的顺序排列

（2）进入 Looks 界面后，在视频画面的左侧可以用鼠标打开 SCOPES 窗口，包括颜色观察器，在这个窗口中可以通过数字和直方图去客观地衡量视频画面是否过暗或者过曝等，如图 4-28 所示。

图 4-28　打开 SCOPES 窗口

3. Subject 命令

Subject 主要是对人物曝光度、颜色色偏、打光等进行调整。操作方法为选中画面右侧的效果并拖拽到下方的效果区域中，然后双击效果，进入效果的参数调整界面，通过对数值的调整改变画面的曝光，如图 4-29 所示。

图 4-29　Subject 命令

Spot Exposure 调整的是点性曝光，把鼠标放置在虚线或实线处，按住鼠标左键并拖动改变圆圈大小进行指定范围内曝光，如图 4-30 所示。

图 4-30　调整点性曝光

Grad Exposure 调整的是线性曝光，双击进入调整界面，通过鼠标调整线的长短进行指定范围内曝光，该命令多用于调整大景，如图 4-31 所示。

图 4-31　调整线性曝光

Contrast 调整的是画面对比度，增加可使画面亮的地方更亮，暗的地方更暗；通过调整 pivolc 可使画面亮的地方更多或更少，如图 4-32 所示。

图 4-32　调整画面对比度

Color Contrast 调整的是视频的颜色对比度，通过调整可以改变视频颜色的色偏，如图 4-33 所示。

图 4-33　调整颜色对比度

Warm/Cool 调整画面的冷暖，可通过数值对画面的冷暖进行调整，也可以通过拖拽色盘圆点的位置直接进行调整，如图 4-34 所示。

图 4-34　调整画面的冷暖

Hue/Saturation 调整画面的色相饱和度，通过对饱和度的增加可以使画面变得更加艳丽多彩，如图 4-35 所示。

图 4-35　调整画面的色相饱和度

前面在讲 Colorista 的时候我们对类似的色盘调整有过详细讲解，这里对 HSL 色盘进行再度讲解。HSL 的色盘结合明暗中间调色盘可以实现单独调色，先通过 HSL 选中颜色，再通过明暗中间调色盘可以增加单独的颜色。例如对红色元素的增加，可以发现画面中演员的衣服更加红亮了，此命令可实现单独对某个色相进行调整，如图 4-36 所示。

图 4-36　单独对某个色相进行调整

4-Way Color 四色调整，此功能与 Colorista 有些相似，唯一不同的是 Ranges（范围）的调整。通过拖动曲线可以改变亮度、暗度和中间调的范围，单击 Off 可以方便地观察调整，如图 4-37 所示。

图 4-37　四色调整

Curves 曲线，白曲线是对亮暗的调整，下面三根分别是对红绿蓝三通道的调整，通过拖动曲线进行对视频的调色。这个功能与之前讲过的 Colorista 效果插件中的曲线调整是非常类似的，如图 4-38 所示。

图 4-38　Curves 曲线调色

Sport Fill 填充灯光，此命令只影响画面暗部，多用于对拍摄过暗的视频进行调整。聚光灯填充，可通过线性圆圈对视频指定部分进行打光，如图 4-39 所示。

图 4-39　Sport Fill 填充灯光

Pop 是亮部暗部调整工具，仅对视频亮部与暗部进行调整。Pop 调出的颜色有些像时尚杂志，是一种独立的色调，也叫 Pop 色调，如图 4-40 所示。

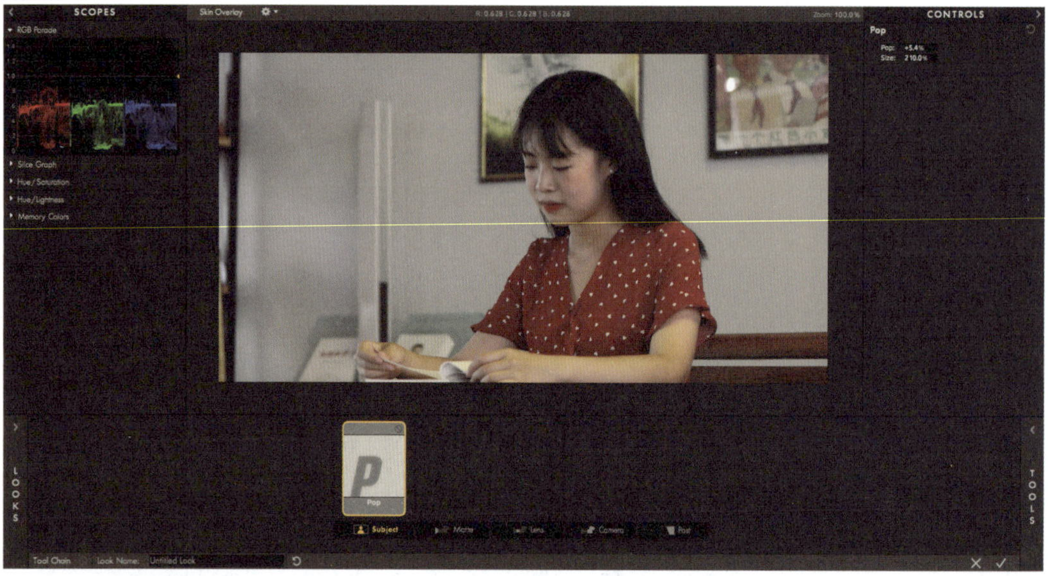

图 4-40　Pop 调整工具

Chromatic Aberration 调整画面的颜色色差，通过对红绿蓝三通道的调整可以得到色偏的效果，有些类似于抖音，如图 4-41 所示。

图 4-41　调整画面的颜色色差

LUT 预设和 Looks 预设有些相似，可以直接使用调色大师调整好的颜色预设，如图 4-42 所示。

图 4-42　LUT 预设

4. Matte

Matte 主要是对镜头的前光圈、滤镜、遮罩等进行调整。

Color Filter 可以根据视频需求调整颜色，效果相当于在镜头前加上了一层色纸，如图 4-43 所示。

图 4-43　Color Filter 调色

Gradient 通过鼠标左键对渐变线的拉伸来调整渐变量，多用于天空或大景的调色，如图 4-44 所示。

图 4-44　Gradient 调色

Diffusion 通过对右侧数值的增加来使视频颜色扩散，画面具有朦胧效果，如图 4-45 所示。

图 4-45　使画面具有朦胧效果

Star Filter 是使视频中的高光部位出现星形效果，如图 4-46 所示。

图 4-46　Star Filter 调色

5. Lens

Lens 可以模拟现实拍摄的光圈、模糊、遮罩等。

Lens Vignette 可以使视频画面出现比较自然的暗角，通过鼠标左键对范围圈的调整来增大或减小暗角范围，如图 4-47 所示。

图 4-47　Lens Vignette 调色

Lens Distortion 通过对数值的增大可以使视频出现鱼眼效果，而减小可以出现向外畸变的效果。按住鼠标左键拖动对实圈和虚圈进行调整可以改变过渡的范围，如图 4-48 和图 4-49 所示。

图 4-48 Lens Distortion 调色

图 4-49 Lens Distortion 调色

Edge Softness 通过对范围圈和右侧数值的调整可以使视频出现不同程度的景深，如图 4-50 所示。

图 4-50　Edge Softness 调色

Swing-Tilt 通过鼠标调整虚线和实线对视频画面进行移轴模糊，如图 4-51 所示。

图 4-51　Swing-Tilt 调色

Haze/flare 命令类似于百叶窗进光的效果，使视频画面更加唯美，如图 4-52 所示。

Anamorphic Flare 在视频中添加炫酷光晕，如图 4-53 所示，拖动 Color 里的颜色可以控制光晕颜色。

图 4-52　Haze/flare 调色

图 4-53　Anamorphic Flare 调色

6. Camera

Camera 主要是进行类似于摄像机上的调节，可以达到前期机器拍摄属性上的效果。

Renoiser 可以在视频中添加噪点，使视频画面更有质感。

Neg Bleach Bypass 有着漂白效果，使视频整体颜色变淡，如图 4-54 所示。

图 4-54　Neg Bleach Bypass 调色

Film Negative 有多种滤镜预设，通过调整可以使画面具有电影感，这也是快速调色的很好选择，如图 4-55 所示。

图 4-55　Film Negative 调色

Black & White 给视频添加黑白效果，如图 4-56 所示。

图 4-56　Black & White 调色

Strip Process 给视频添加红青效果，多用于老电影的调色，如图 4-57 所示。

图 4-57　Strip Process 调色

Shoulder 只针对视频亮部，始终把亮度压在过曝线以内，如图 4-58 所示。

图 4-58　Shoulder 调色

7. Post

Post 主要用于视频后期的调色。有很多命令与之前的重复，这里只介绍没有出现过的。

Print Bleach Bypass 保留亮部信息，对暗部进行调整，如图 4-59 所示。

图 4-59　Print Bleach Bypass 调色

Duotone 把画面按照两个色调进行划分，通过色盘进行调色，如图 4-60 所示。

图 4-60　Duotone 调色

Telecine Net 给画面添加辉光效果，使画面更加唯美清新，如图 4-61 所示。

图 4-61　Telecine Net 调色

Mojo 内含多种调色滤镜，可以直接使用，多用于对人物的调色，具有电影感，如图 4-62 所示。

S Curve 和常规曲线效果相同，但是操作更加简单，很好控制，如图 4-63 所示。

图 4-62　Mojo 调色

图 4-63　S Curve 调色

习题 4

尝试从网站上下载转场插件并安装到自己的软件中。

第 5 章　剪映软件基础知识讲解

本章导读

随着网络媒体的不断发展，不同的剪辑软件如雨后春笋般不断涌现。在短视频的剪辑过程中很多人都会选择剪映这款软件，该款软件最开始是在手机端推出了 APP，可以完成日常一些简单的剪辑，如视频日志等。但随着人们对短视频审美的提高和手机用户的增多，字节跳动公司后来又推出了剪映的 PC 版。本章将对剪映这款软件进行简单介绍，其使用方法和逻辑与 PR 有很多相似之处，读者可以对比着学习。这也从一个侧面说明，我们剪辑的是镜头逻辑，组织的是镜头间的关系，只要我们懂得蒙太奇剪辑语言，后期使用哪个软件都是可以的。

5.1　安装软件

剪映是由字节跳动公司旗下短视频平台“抖音”推出的一款视频编辑软件，拥有较为全面的视频编辑功能。

1. 发展历程

2019 年 5 月，剪映移动端即手机版上线。

2020 年 11 月，剪映专业版 Mac v1.0 上线。

2021 年 2 月，剪映专业版 Windows 正式上线，自此实现移动端 /Pad 端 /PC 端全终端覆盖，使创作者能够在更多场景下自由创作。

2. 下载并安装

（1）用链接 https://lv.ulikecam.com/ 打开剪映官网，单击“立即下载”按钮，如图 5-1 所示。

图 5-1 剪映软件下载页面

（2）下载完成后，勾选“同意剪映专业版的用户许可协议及隐私政策”，单击“更多操作”按钮，预览安装位置，勾选“创建桌面快捷方式”，再单击“立即安装”按钮，如图 5-2 所示。

图 5-2 进行安装设置

（3）安装完成后，单击“立即体验”按钮即可打开软件，如图 5-3 所示。

（4）单击“开始创作”按钮即可开始创作编辑视频，如图 5-4 所示。

图 5-3　打开软件

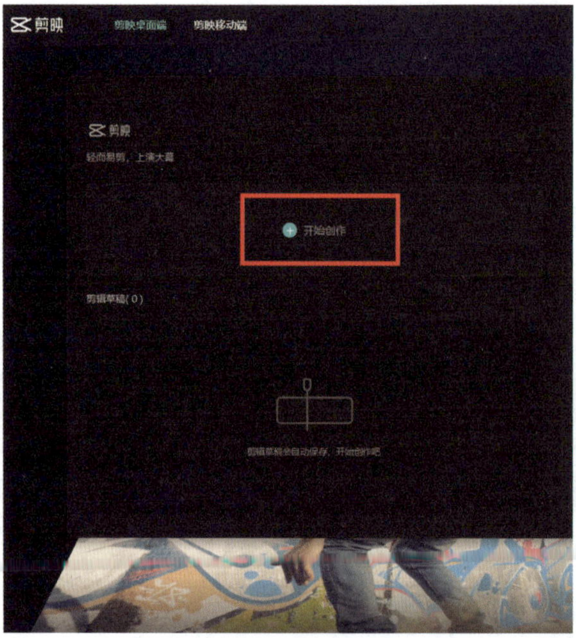

图 5-4　开始创作编辑视频

5.2　基础应用

5.2.1　基础面板认识

（1）单击右上方的“反馈”按钮即可对使用期间产生的意见进行反馈，如图 5-5 所示。

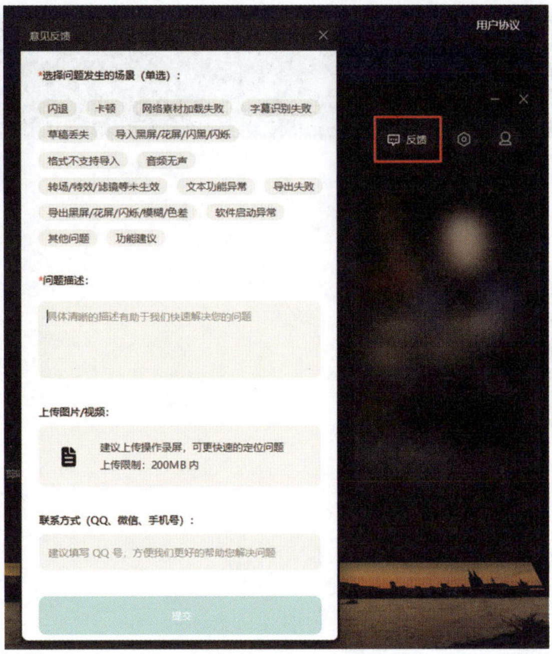

图 5-5　意见反馈

（2）单击右上方的“设置”按钮即可查看用户协议、隐私协议、第三方版权、使用环境检测、版本号，如图 5-6 所示。

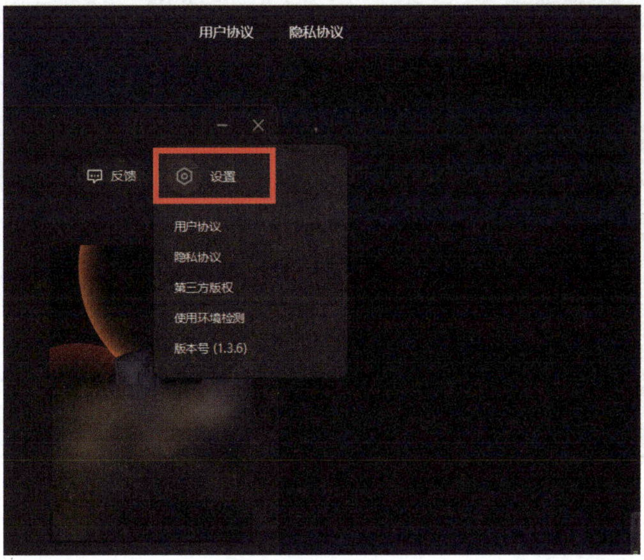

图 5-6　软件相关信息

（3）单击右上方的“登录”按钮，扫描二维码即可获取“抖音 APP”授权，提高软件使用期间的安全度，如图 5-7 所示。

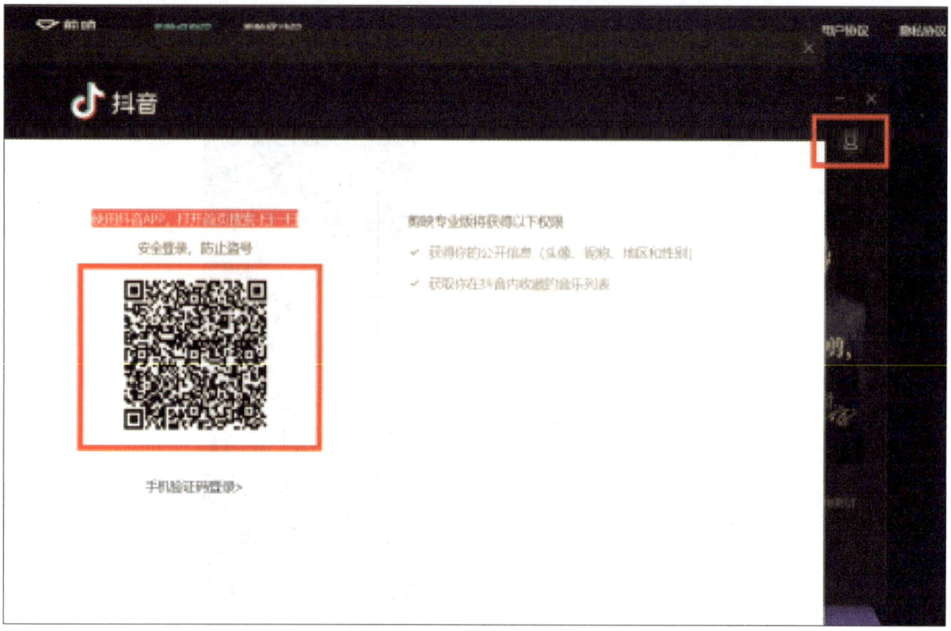

图 5-7　获取授权

（4）单击下方的剪辑草稿区域即可打开先前剪辑并保存的视频草稿，如图 5-8 所示。

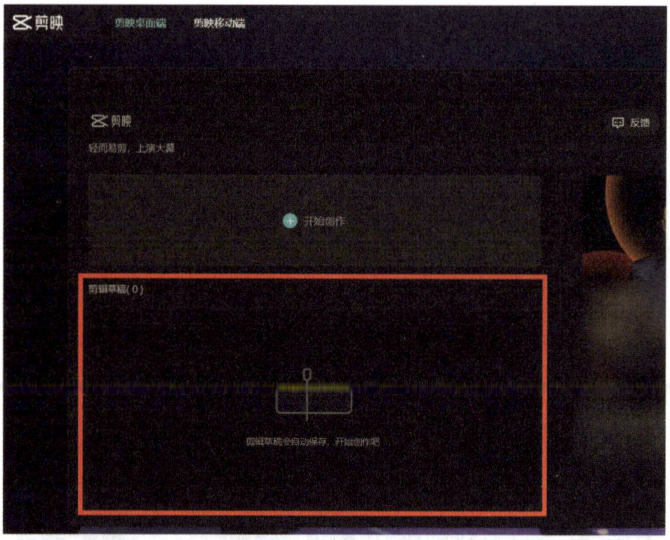

图 5-8　打开视频草稿

5.2.2　操作面板认识

菜单栏从左至右依次为“菜单”按钮、“快捷键”按钮、导出按钮，如图 5-9 所示。

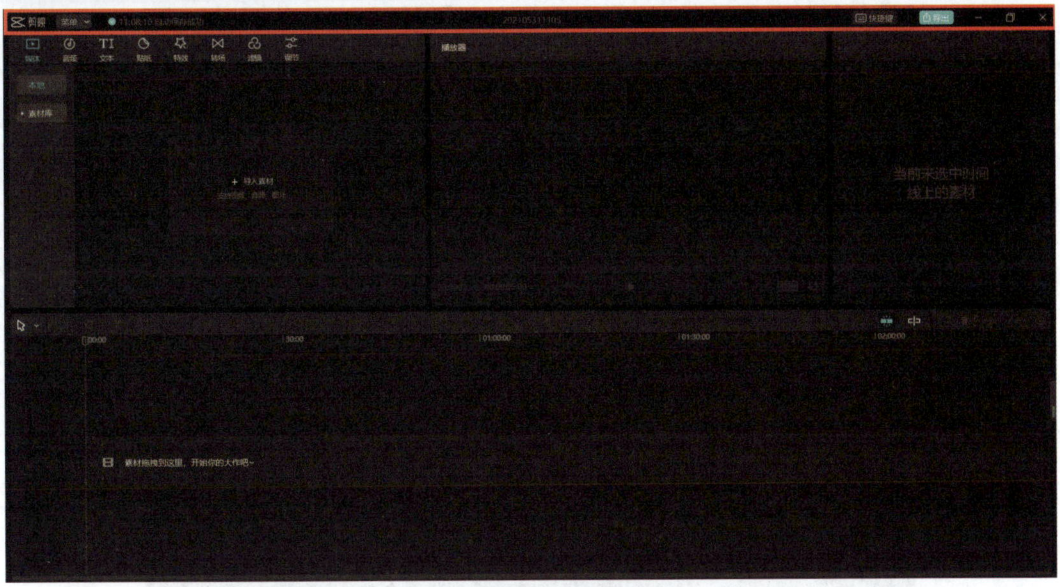

图 5-9　菜单栏组成

（1）单击“菜单”按钮即可查看文件、编辑、设置等功能，如图 5-10 所示。

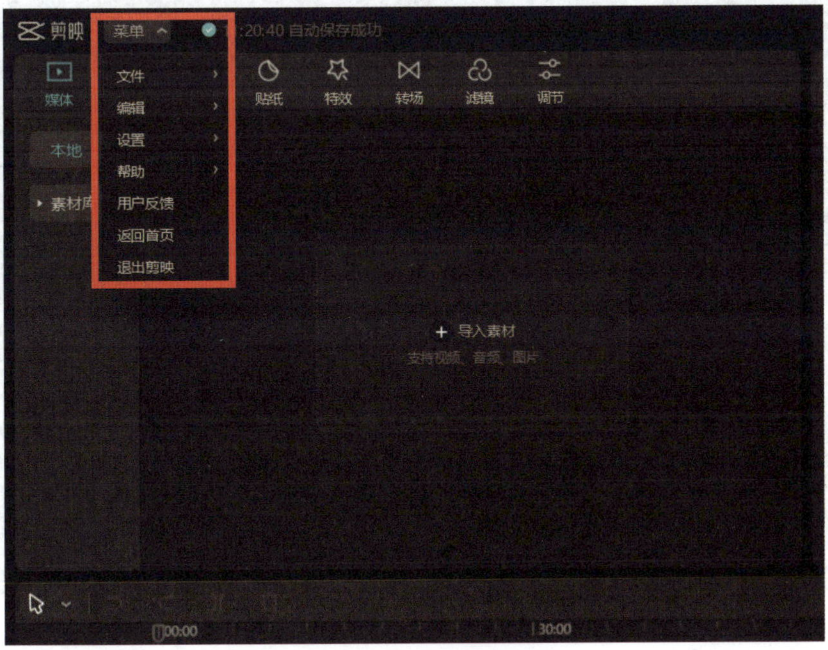

图 5-10　“菜单”按钮中的功能

（2）单击“快捷键”按钮即可查看各种操作相应的快捷键，如图 5-11 所示。

（3）单击“导出”按钮即可导出编辑完成的视频并预览导出设置，如图 5-12 所示。

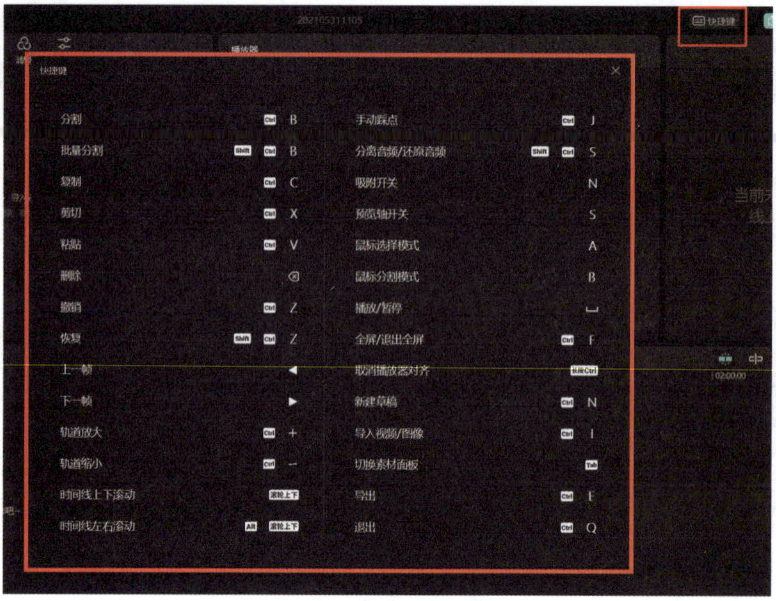

图 5-11 快捷键查看

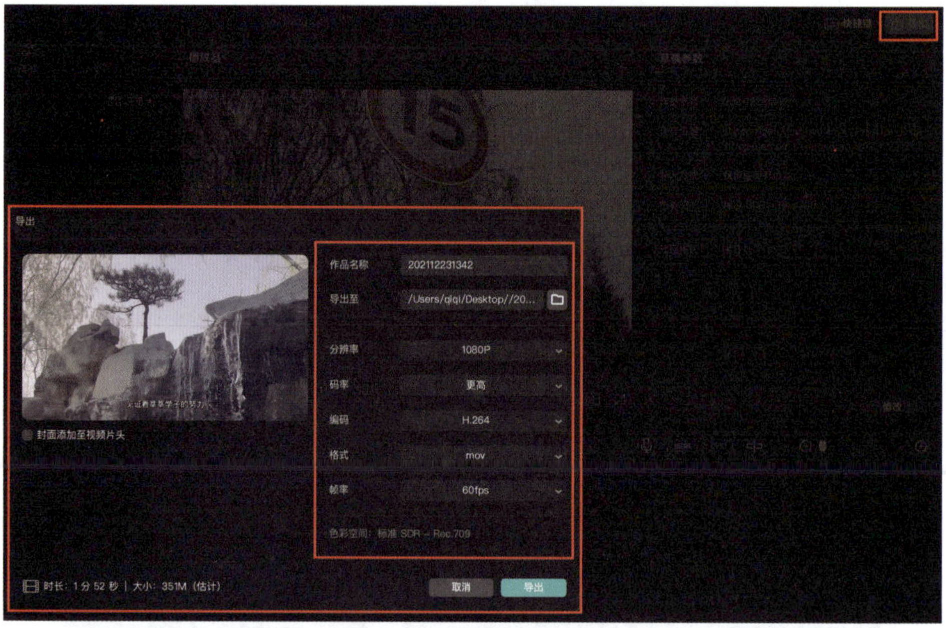

图 5-12 导出视频并预览导出设置

5.2.3 “素材库”面板

在该区域内，媒体、音频按钮可以导入本地自己所要编辑的视频或音频文件，也可以选择素材库中该软件自带的海量素材文件，如图 5-13 所示。

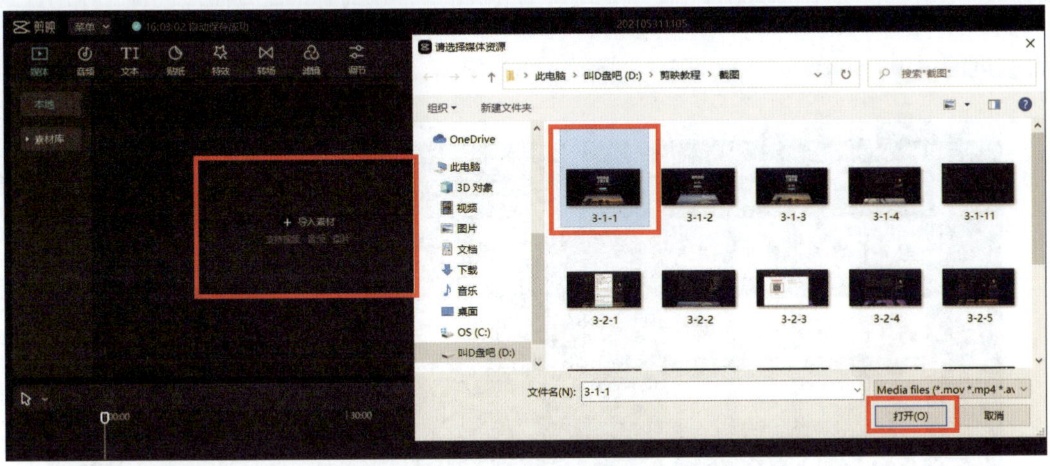

图 5-13　导入音视频文件

文本、贴纸、特效、转场、滤镜、调节按钮可对所编辑的视频进行编辑、美化、调节，使用方法：单击“导入素材”，选择本地素材后单击“打开”按钮即可导入。

“素材库”面板为创作者提供了海量的免费素材，但需要连接网络进行下载。

以转场素材为例，单击“转场”按钮，挑选合适的转场素材并下载，将其拖拽至两段视频素材之间，即可在两段视频之间形成一个转场过渡，也可以在选项面板中对转场时长进行调节，如图 5-14 所示。

图 5-14　转场

“素材库”面板中的“滤镜”按钮可以对需要剪辑的素材进行基础调色，在选择合适的滤镜后下载并拖拽至需要操作的素材上方即可完成操作，也可以在选项面板中进行滤镜强度的调节，如图 5-15 和图 5-16 所示。

图 5-15　滤镜应用

图 5-16　滤镜应用

“素材库”面板中的“文字”按钮可以为视频添加字幕，导入一段文本素材至“时间轴”面板，在选项面板中输入需要添加的文字，并在字体的系统预设中修改成合适的文字，如图 5-17 所示。

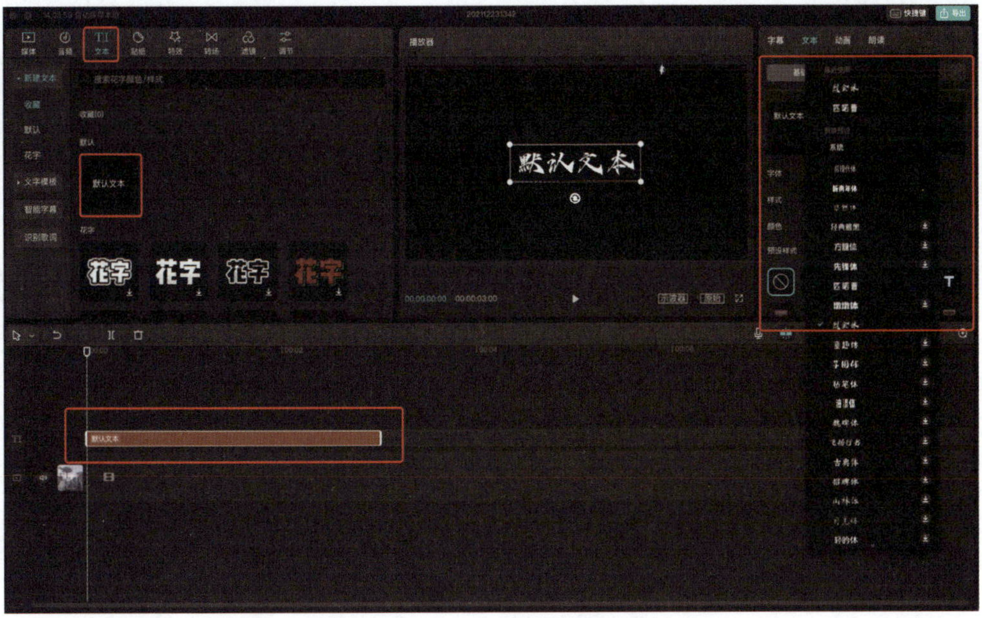

图 5-17　添加字幕

值得一提的是，选项面板中可以对已经添加的文字进行美化调节，如“气泡”和“花字”。以“花字”为例，选择合适的“花字”，下载并添加至字幕上即可完成操作，如图 5-18 所示。

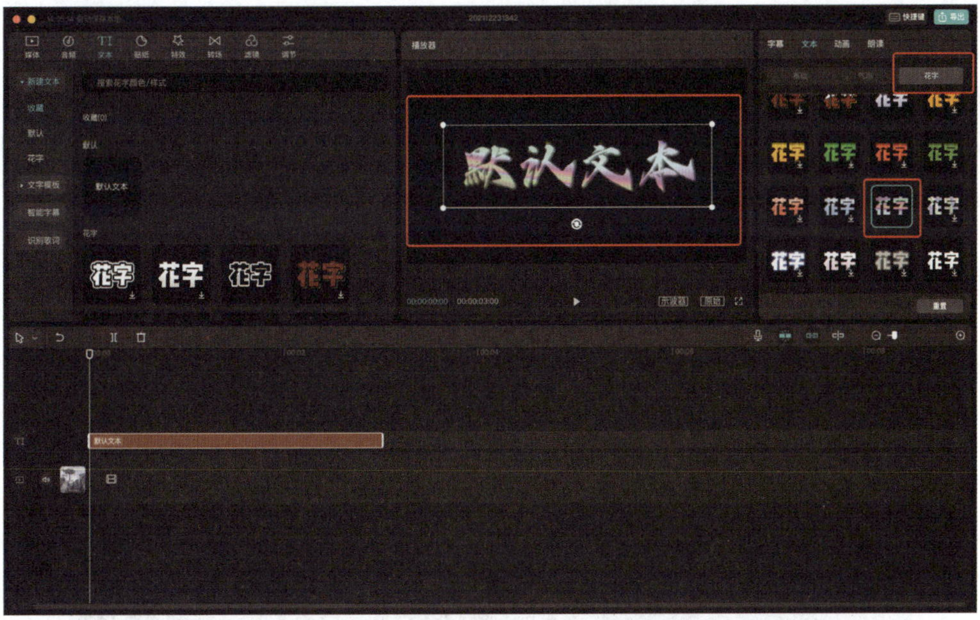

图 5-18　对文字进行美化调节

“贴纸”按钮可以美化视频。选择合适的贴纸，下载并添加至“时间轴”面板中，调节大小和位置即可对剪辑的视频进行美化，如图 5-19 所示。

图 5-19　使用贴纸美化视频

5.2.4　“播放器”面板

“播放器”面板也可以称为“预览”面板，在该面板内可以对想要编辑或者已经编辑完成的素材进行播放，以便预览编辑效果。

使用方法：单击素材栏中想要预览的素材即可进行预览。左下方的蓝色时间码为所预览素材所在的时间点，白色时间码为该素材的时长；中间的三角按钮为“播放 / 暂停”按钮（快捷键为空格键）；右下方的“放大”按钮为“全屏播放”按钮，单击即可全屏预览素材（快捷键为 Ctrl+F）。全屏预览素材时，拖动下方的时间滑块可以预览素材的时间点，单击“缩小”按钮即可退出（快捷键为 Ctrl+F），如图 5-20 和图 5-21 所示。

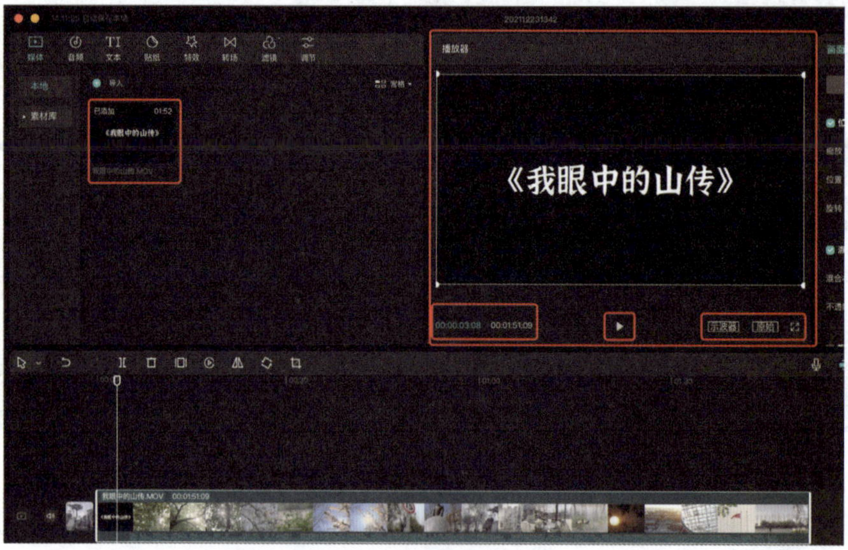

图 5-20　“播放器”面板

图 5-21　素材预览

5.2.5　“时间轴”面板

在该面板上，可以对所要编辑的素材进行移动、分割、删除等编辑操作。

使用方法：选择“素材”面板中想要进行编辑的素材文件，单击文件右下方的⊕或者直接拖拽文件至“时间轴”面板即可进行编辑操作，如图 5-22 所示。

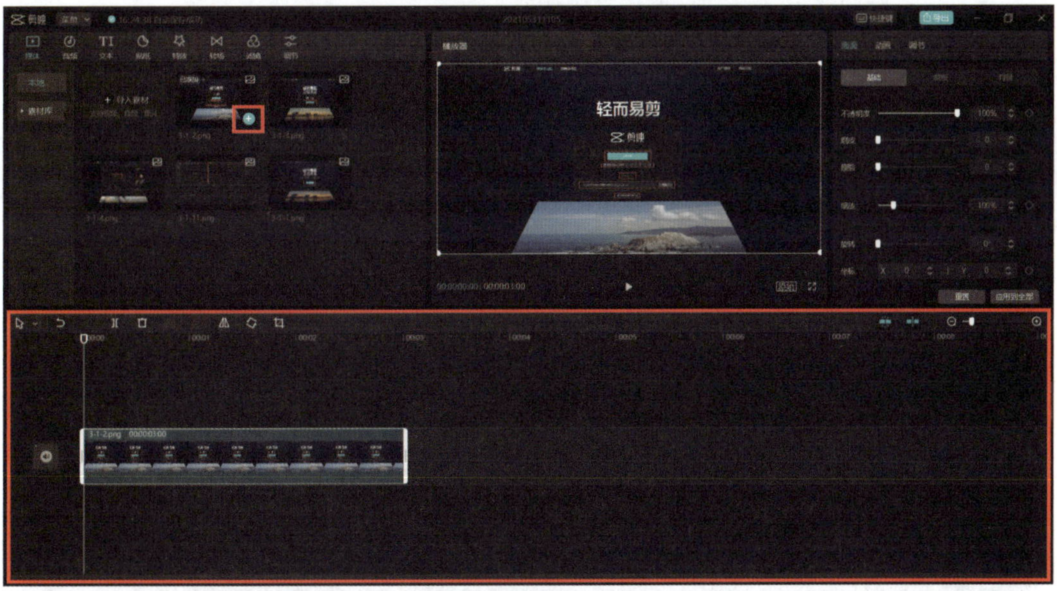

图 5-22　“时间轴”面板

在“时间轴”面板中有多个可以支持文件编辑的工程轨道，拖拽文件可以将其添加至想要放到的轨道上，如图 5-23 所示。这里需要注意的是，剪映软件里没有划分视频轨道和音频轨道的具体数量，而是随拖拽随创建。

图 5-23 “时间轴”面板中的工程轨道

5.2.6 选项面板

在该面板中，可以对所要编辑的素材文件进行属性编辑操作。如对素材文件的画面进行基础调节、添加蒙版；添加出入场动画、组合动画；对素材文件的亮度、对比度、饱和度等进行画面调节（校色、调色等工作）。

使用方法：在“时间轴”面板中选择想要进行编辑的素材片段，直接单击想要进行的素材编辑操作，即可完成添加并可进行相应的编辑操作，如图 5-24 所示；移动滑块即可进行素材文件的画面调节操作，如图 5-25 所示。

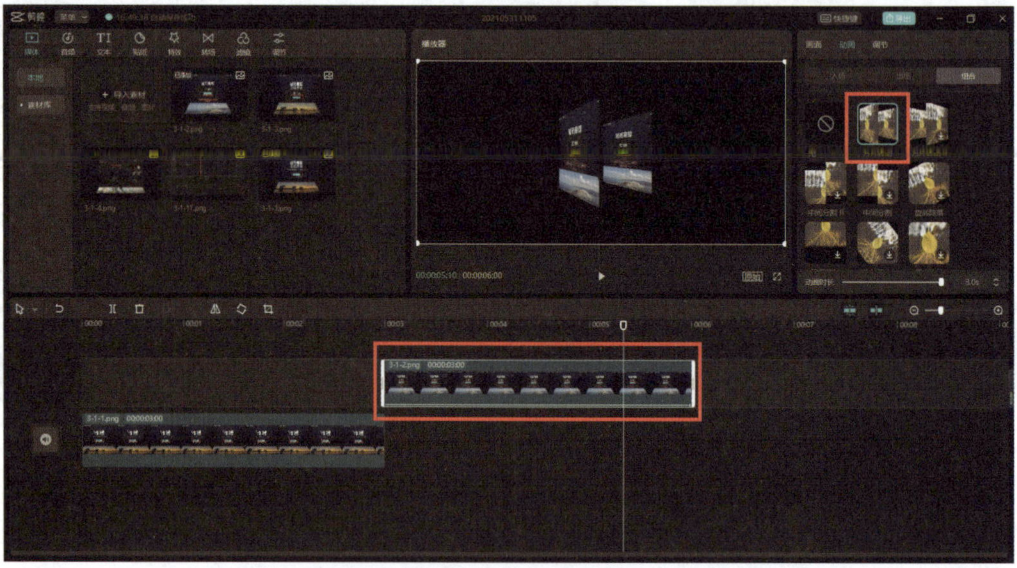

图 5-24 选项面板中的素材编辑操作

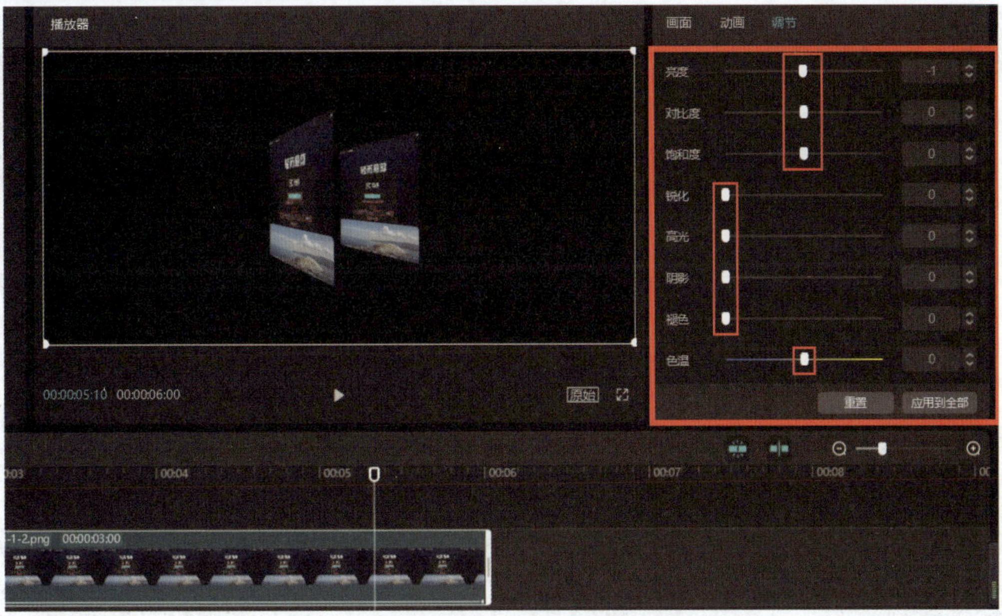

图 5-25　选项面板中的画面调节操作

在“画面”面板中，可以对剪辑素材中出现的人物进行美化处理，也就是我们平时说的美颜功能。

操作方法：选中“时间轴”面板中需要编辑的素材，拉动“磨皮”和“瘦脸”选项中的滑块即可进行操作。磨皮、瘦脸强度在 0、50、100 时的对比如图 5-26 至图 5-28 所示。

图 5-26　“画面”面板设置及效果

图 5-27　设置效果

图 5-28　设置效果

选项面板中的“调节”选项主要是对剪辑素材进行系统调节。以音频素材为例，导入至“时间轴”面板后，在选项面板中可以对其音量大小进行调节，也可以对音频的淡入淡出进行调节，如图 5-29 和图 5-30 所示。

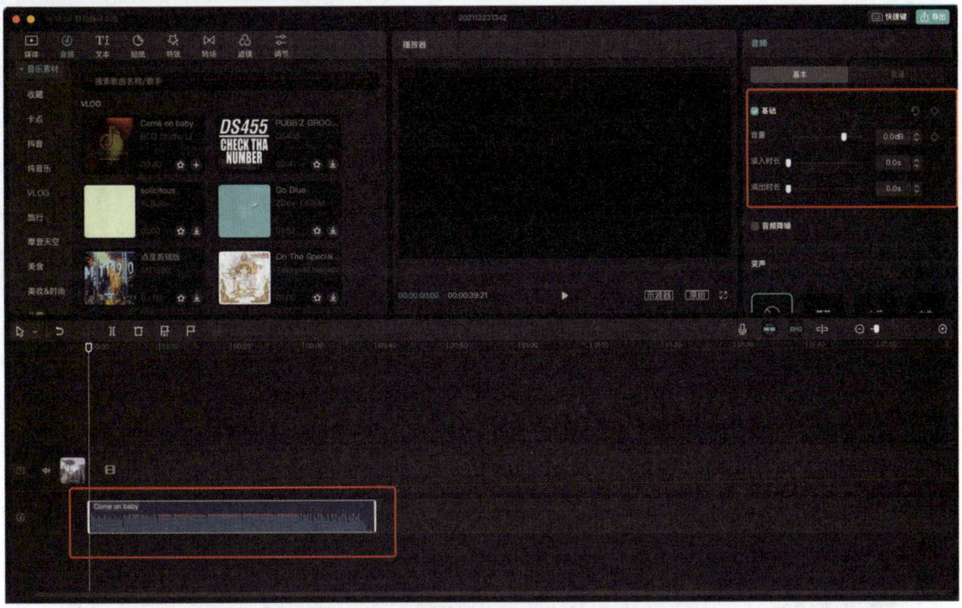

图 5-29　对音量大小进行调节

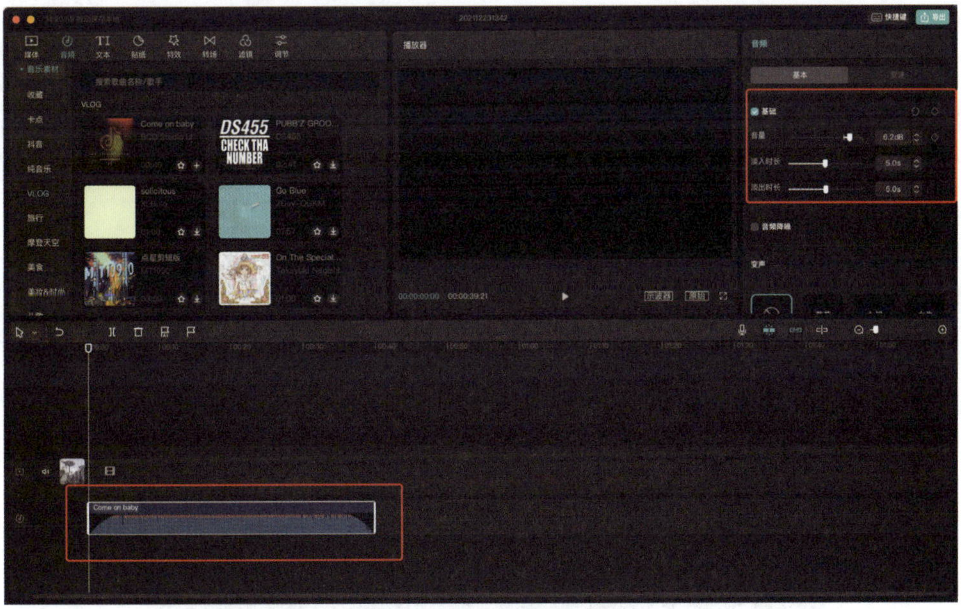

图 5-30　对淡入淡出进行调节

5.2.7　导出设置

在该操作中，可以对已经编辑完成的素材文件进行导出成片设置。

使用方法：单击菜单栏中的蓝色“导出”按钮即可对编辑完成的素材进行相应参数调节，如重命名，设置导出位置、分辨率、码率、编码、格式、帧率。操作完成后，可以在左下方对文件进行时长、大小参数的预览，调节至最满意状态后单击“导出”按钮即可，如图 5-31 所示。

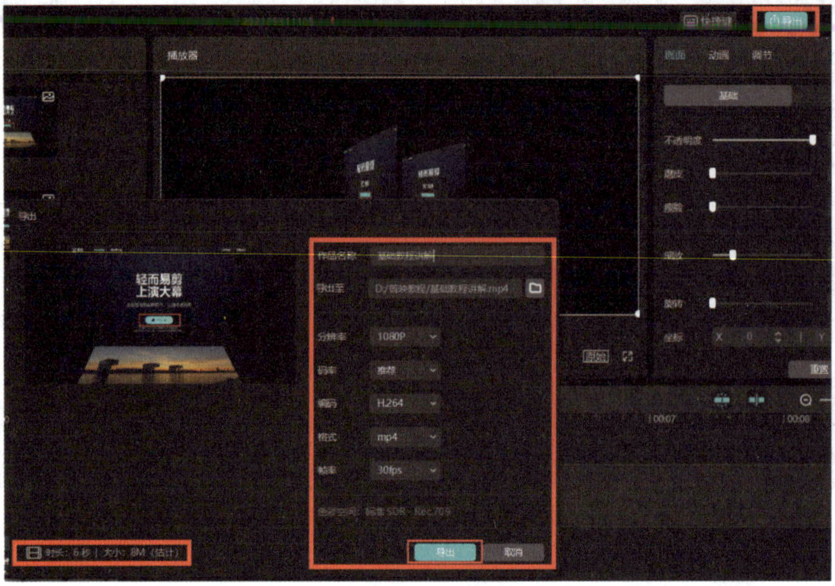

图 5-31　导出设置

（1）分辨率：分辨率是用来度量图像内数据量多少的一个参数，一般来讲，分辨率数值越大，视频越清晰，但所占用的内存也越大。剪映专业版提供了 480P、720P、1080P、2K（1920P）、4K（3840P）五种分辨率设置，如图 5-32 所示。

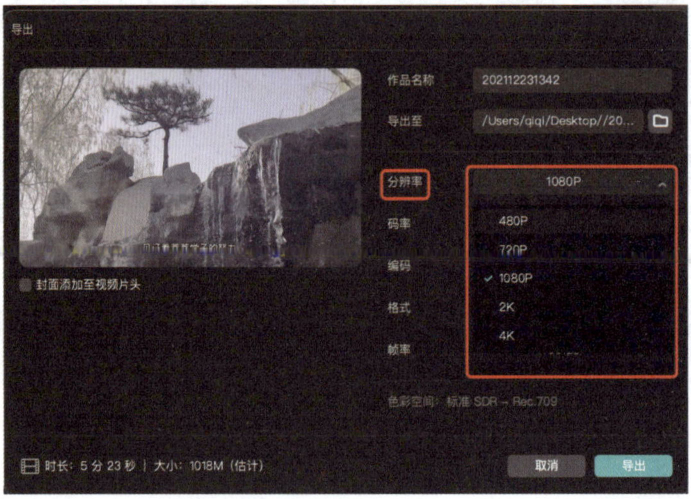

图 5-32　分辨率设置

（2）码率：视频码率是数据传输时单位时间内传送的数据位数，单位是 kbps 即千位每秒，如图 5-33 所示。单位时间内码率越大，视频精度就越高，处理出来的视频就越接近原始视频。

图 5-33　码率设置

（3）编码：视频编码是视频的一种压缩标准，压缩是一种转换编码的过程，压缩比和内存大小成反比，压缩比越大，导出的文件所占内存越小。剪映专业版提供了 H.264 和 HEVC 两种编码，前者为最为常用的压缩方式，后者多在剪辑文件占用内存过大时使用，如图 5-34 所示。

图 5-34　编码设置

（4）格式：视频格式是指视频保存后的一种存储格式。剪映专业版提供了 mp4 和 mov 两种保存格式，前者是国际上最为通用的视频格式，后者为苹果电脑上的标准视频格式，它能被大多数视频编辑软件识别，并可以提供文件容量小、质量高的视频，如图 5-35 所示。

图 5-35　格式设置

（5）帧率：帧率又称帧速率（fps），是一秒之中播放的帧数，越高的帧率越可以得到更流畅、更清晰、更逼真的画面。剪映专业版提供了 24fps、25fps、30fps、50fps、60fps 五种帧率大小，如图 5-36 所示。需要注意的是，帧率越高，视频文件所占内存越大。

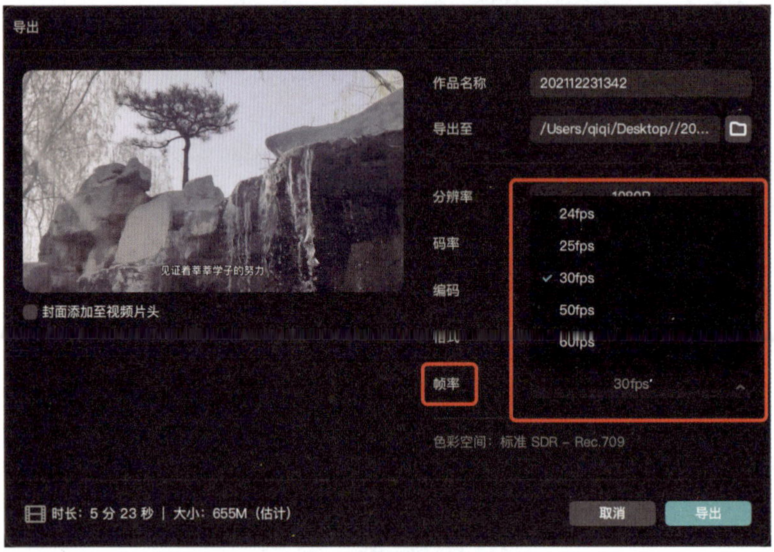

图 5-36　帧率设置

在导出已经剪辑完成的视频时要注意以上参数的合理使用，一般设置分辨率为 1080P、码率为推荐、编码为 H.264、格式为 mp4、帧率为 25fps 即可满足日常视频的编辑与保存，如图 5-37 所示。

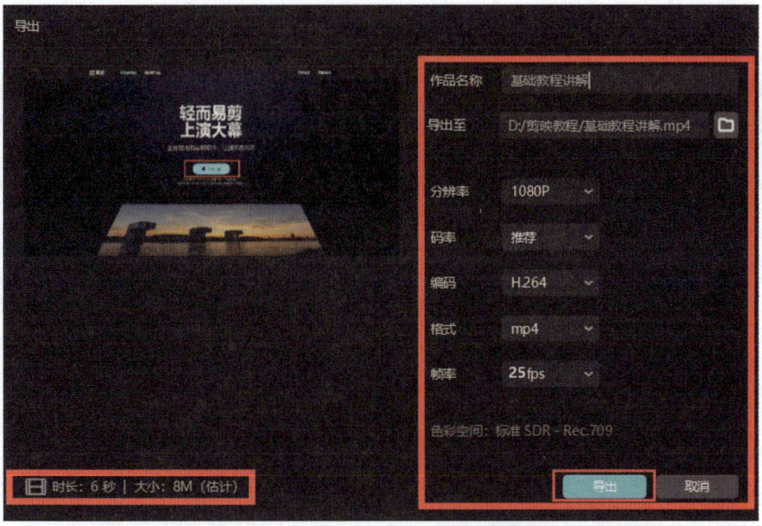

图 5-37　视频导出参数设置推荐

5.3　经典案例讲解

5.3.1　镂空文字片头

利用字体、关键帧和混合模式制作镂空文字片头，效果如图 5-38 所示。

图 5-38　镂空文字片头效果

（1）打开剪映专业版，在“素材”面板的黑白场素材中导入一段黑场素材，并将其延长至合适的时长，时长设置为 5 秒，如图 5-39 所示。

图 5-39　导入黑白场素材并设置时长

（2）从“素材”面板中添加一个文本素材并延长至与黑场素材相同的时长，如图 5-40 所示。

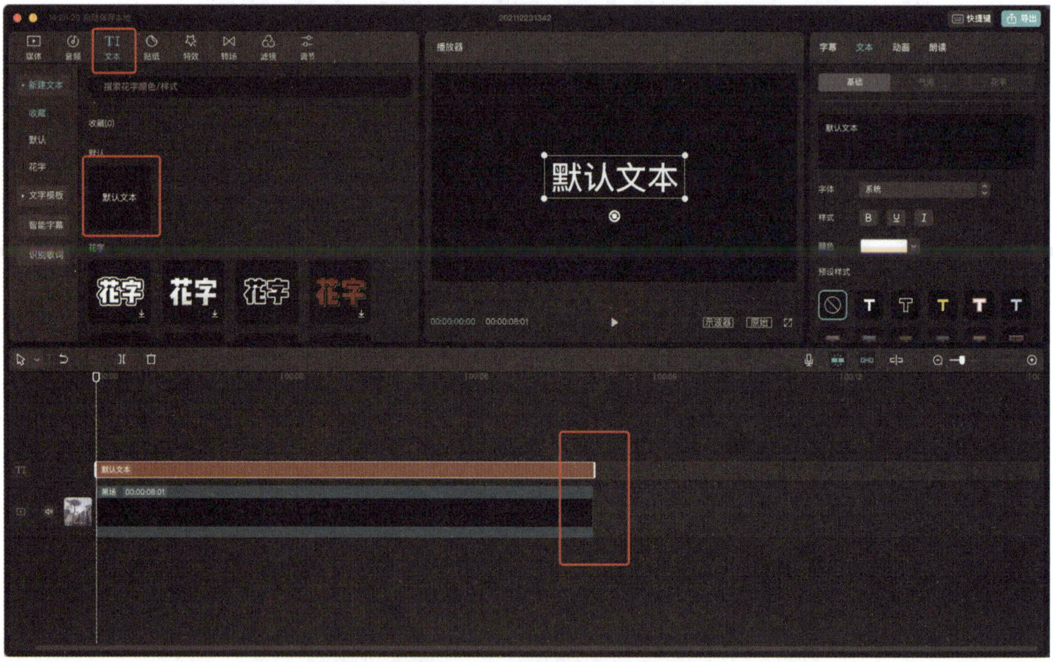

图 5-40　添加文本素材并设置时长

（3）从选项面板中输入需要制作的文字内容，在字体预设中修改合适的字体，并将大小放大至最大使其填充满整个画面，如图 5-41 所示。

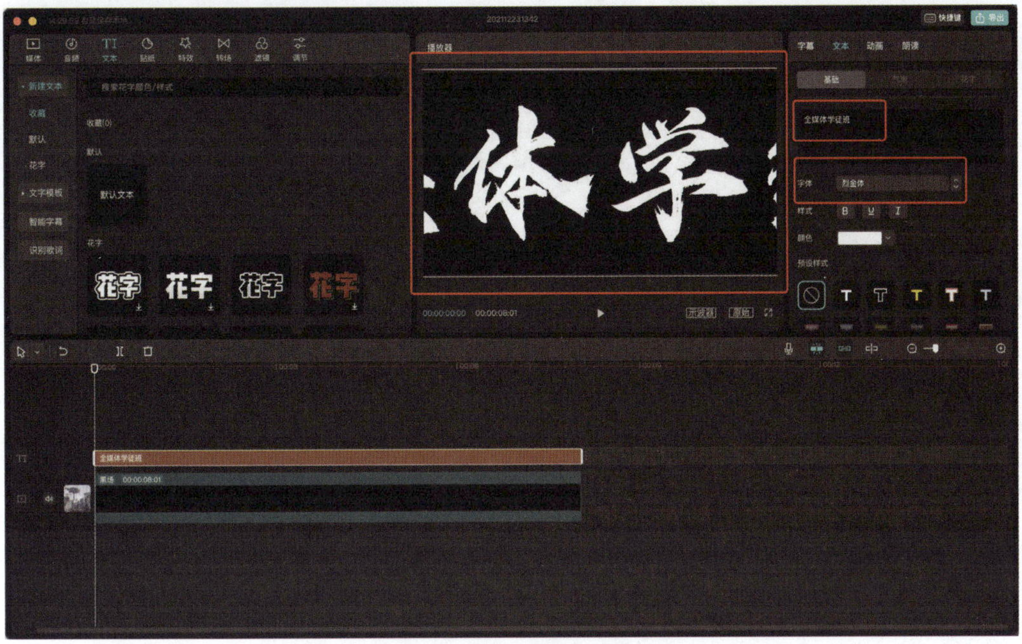

图 5-41　输入要制作的文字并设置字体和大小

（4）把时间滑块放至合适的位置，将文字内容拖拽至画面的最左侧，并在坐标选项中添加一个关键帧，如图 5-42 所示。

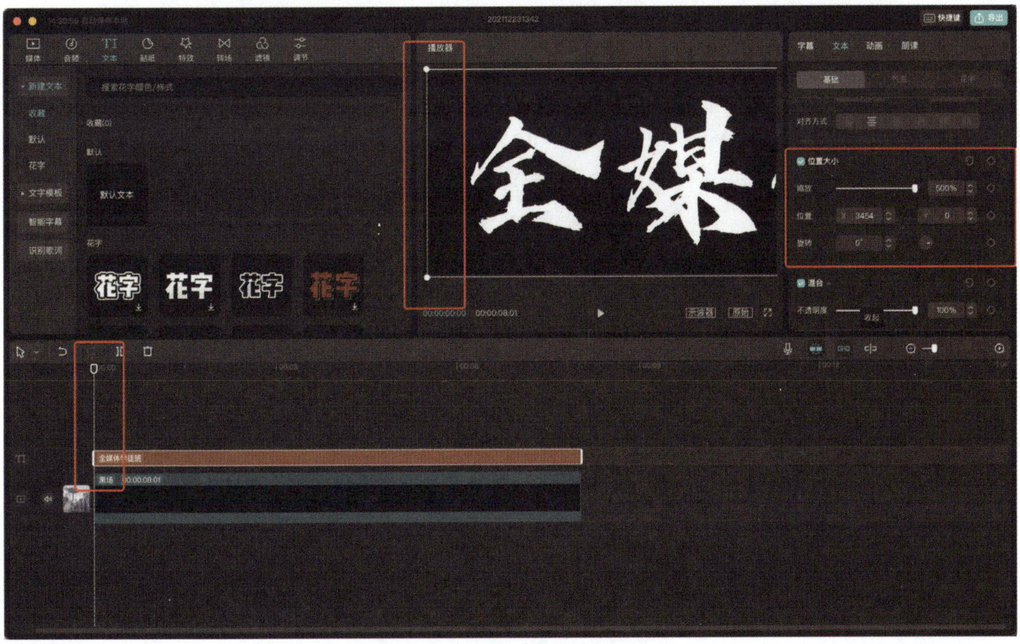

图 5-42　调整文字放置位置

（5）把时间滑块放至片尾，并在坐标选项中新增一个关键帧，向左拖拽文本使其滑出视频画面，如图 5-43 所示。

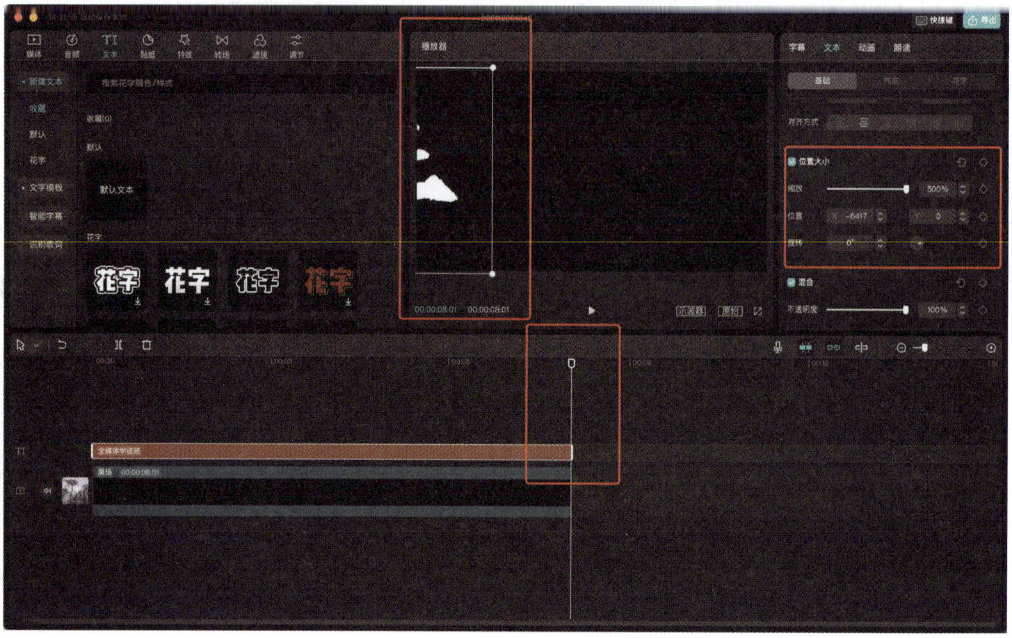

图 5-43　新增关键帧

（6）单击菜单栏中的“导出”按钮，重命名文件，设置导出位置，最后单击“导出”按钮，如图 5-44 所示。

图 5-44　导出设置

（7）从本地素材中导入字幕素材，以空镜头素材为例再导入一段片头素材，如图5-45和图5-46所示。

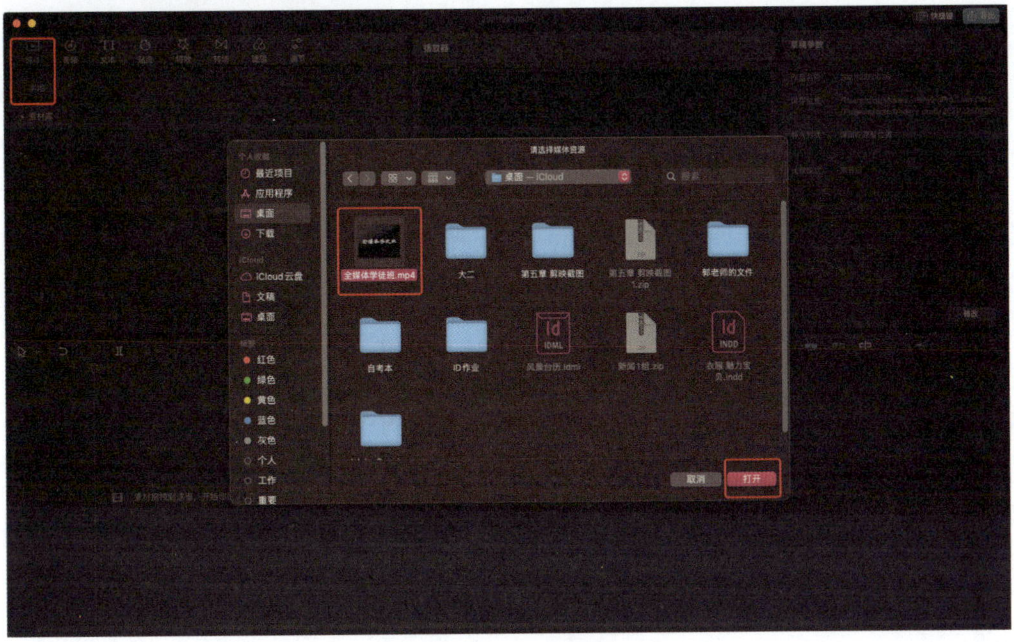

图5-45　导入字幕素材

图5-46　再导入一段片头素材

（8）从“素材”面板中导入字幕素材放至片头素材的上方，将其时长调整至与片头素材相同，如图 5-47 所示。

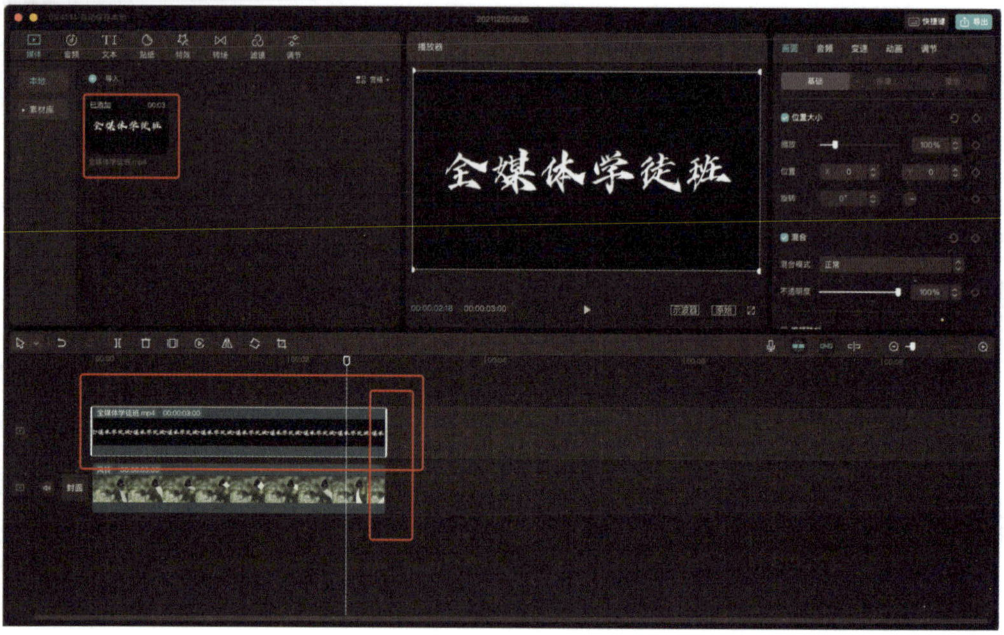

图 5-47　导入字幕素材并设置

（9）在选项面板中将字幕素材的混合模式调整为“变暗”，如图 5-48 所示。

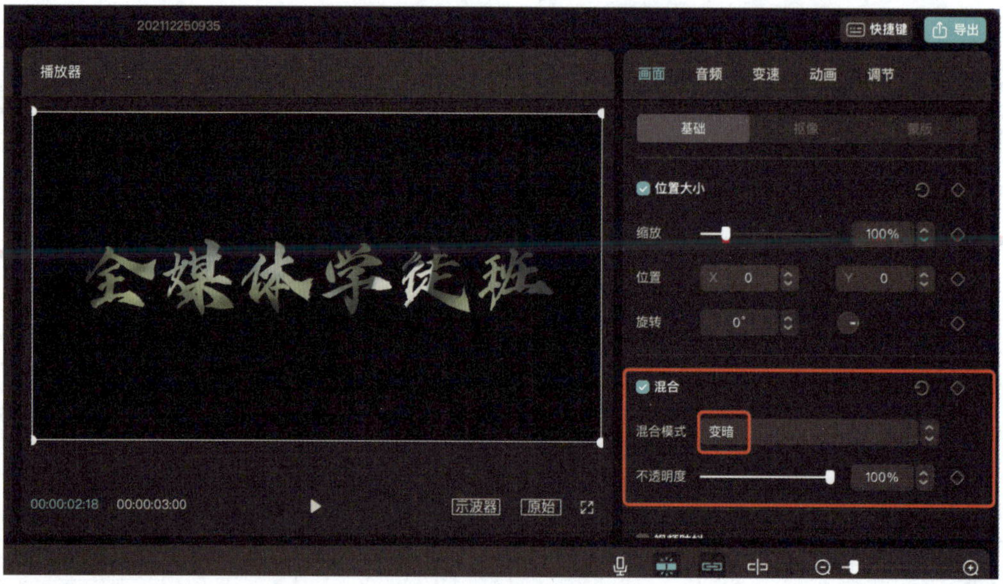

图 5-48　调整混合模式

（10）单击“播放器”面板中的“播放”按钮即可预览制作完成的视频效果，如图5-49所示。

图 5-49　预览视频效果

5.3.2　制作朋友圈弹窗播放动画效果

利用关键帧、画中画、贴纸和音频制作朋友圈弹窗播放动画效果，如图 5-50 所示。

图 5-50　弹窗播放动画效果

（1）在“素材”面板中导入一张微信朋友圈截图，并将其拖拽至“时间轴”面板上，如图 5-51 和图 5-52 所示。

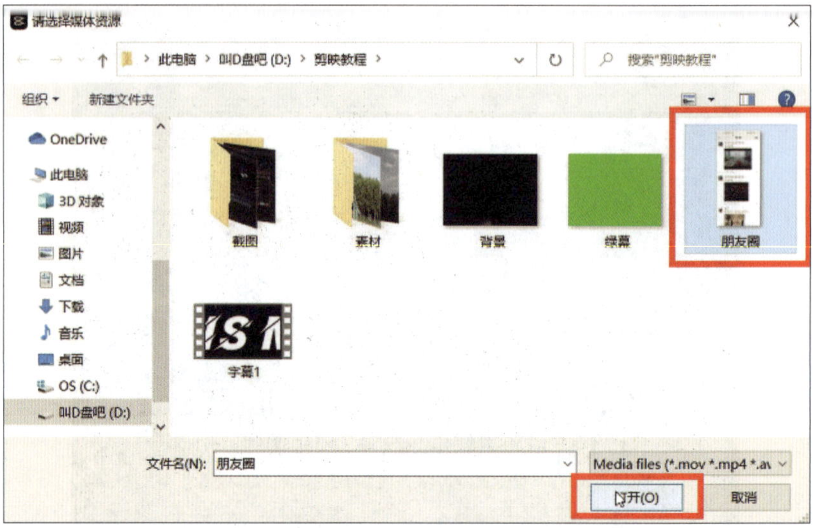

图 5-51　导入素材

（2）在“播放器”面板中，将素材比例设置为常用的 4:3；在选项面板中将素材大小调整为合适的大小使其填充满画面，如图 5-53 和图 5-54 所示。

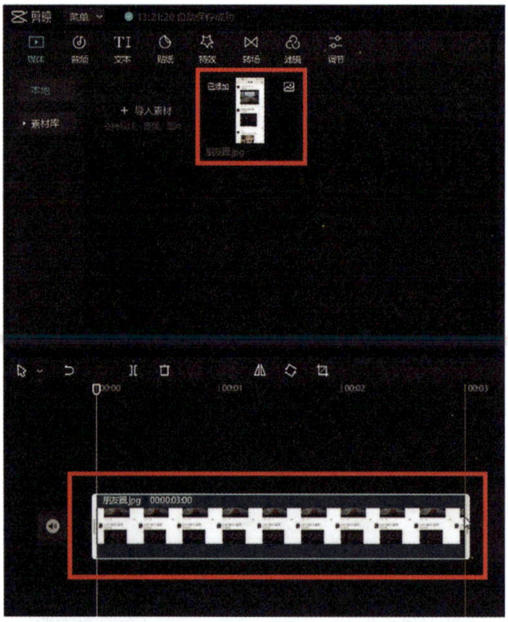

图 5-52　将素材拖拽至“时间轴”面板上

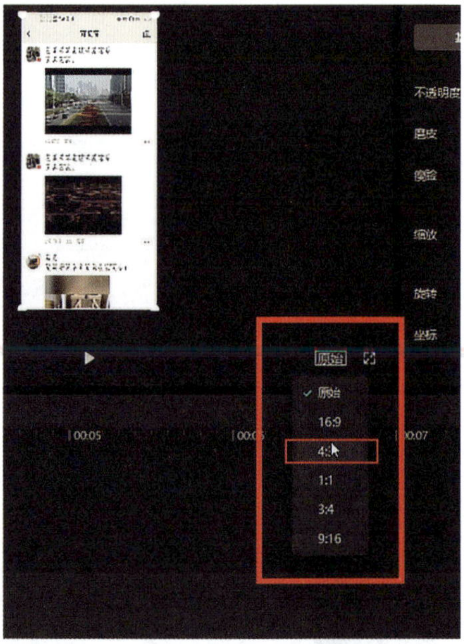

图 5-53　设置素材比例

图 5-54　调整素材大小

（3）在“素材”面板的黑白场素材中添加一段白场素材至朋友圈素材的上方，并在“播放器”面板中用白场素材遮盖住朋友圈素材中不需要的部分，如图 5-55 所示。

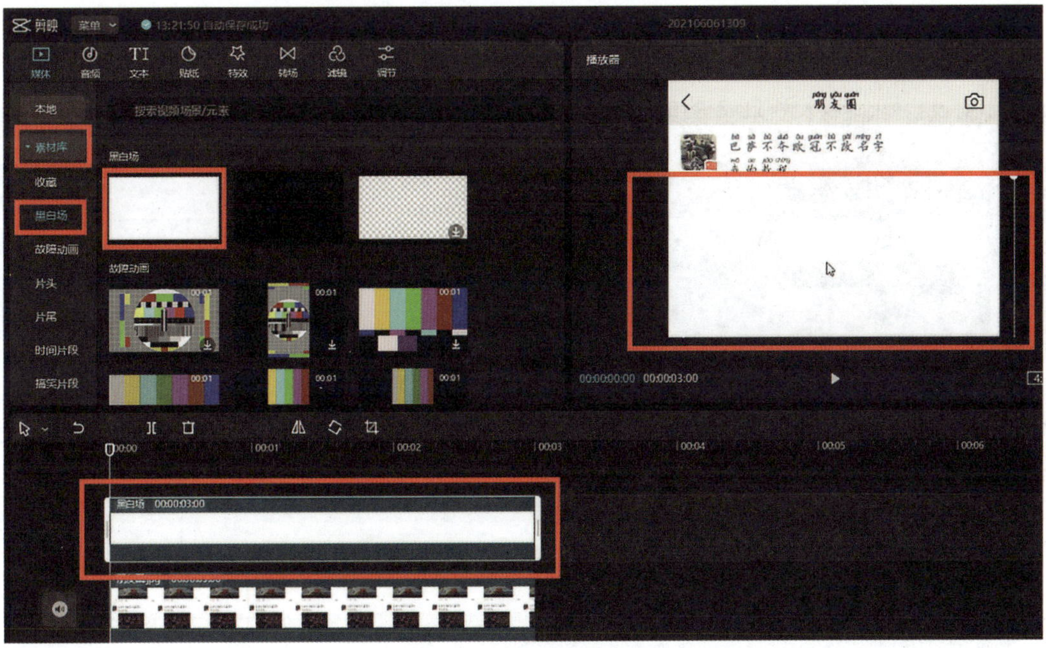

图 5-55　添加白场素材

（4）以“素材”面板中的空镜头视频为例，导入一段需要制作的视频素材，将其放至白场素材的上方，并将朋友圈素材和白场素材时长延长至与其相同，如图 5-56 所示。

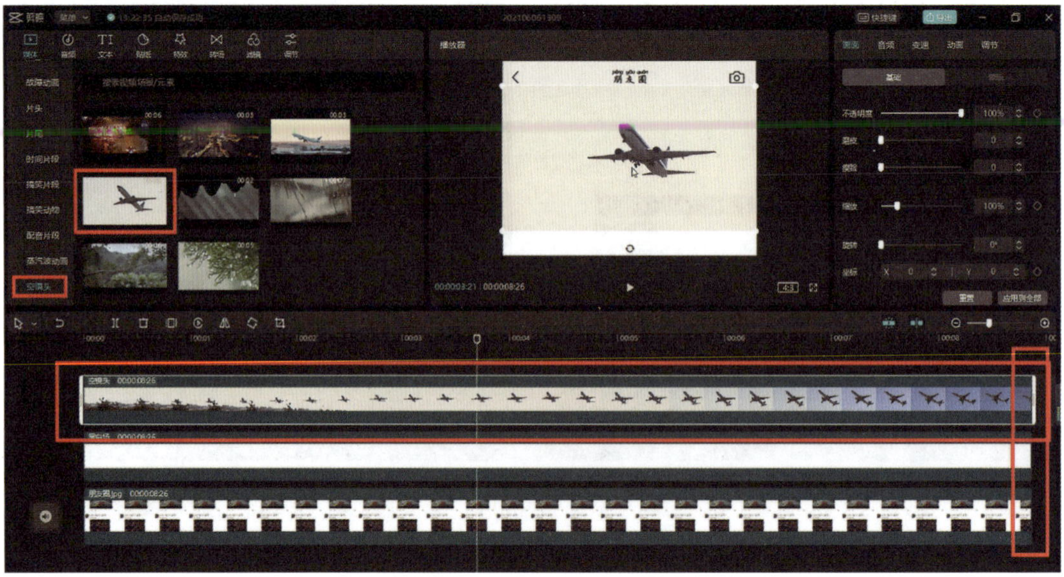

图 5-56　导入视频素材并设置

（5）在“播放器”面板中将素材调整为合适的大小，并在合适的时间点从坐标选项上添加一个关键帧，如图 5-57 所示。

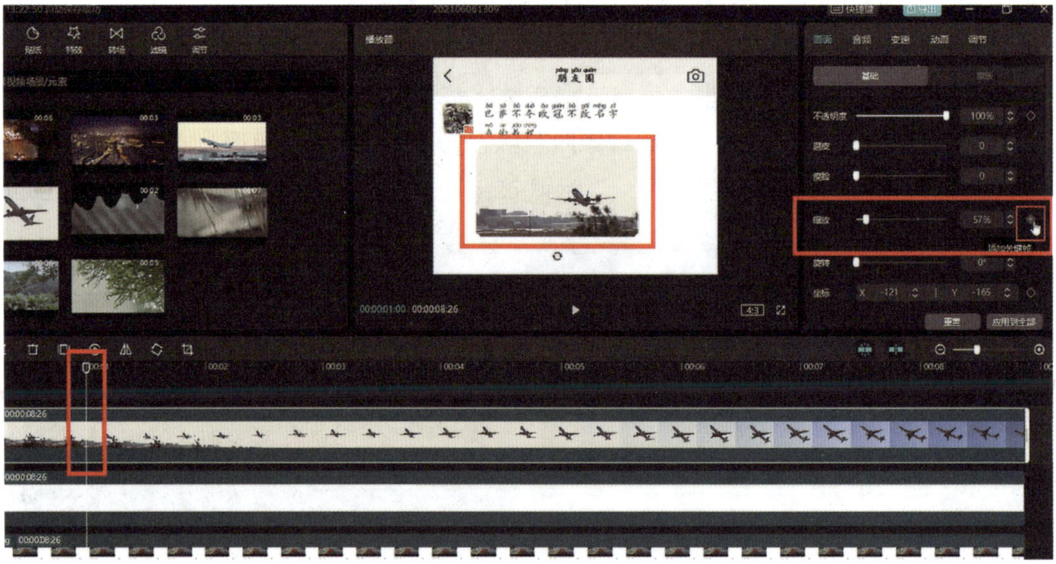

图 5-57　调整素材并添加关键帧

（6）在合适的位置新增一个关键帧，并在“播放器”面板中将其放大至全屏，如图 5-58 所示。

图 5-58　新增关键帧

（7）在“素材”面板的贴纸素材中搜索“鼠标”，选择合适的贴纸将其导入至视频素材的上方，如图 5-59 所示。

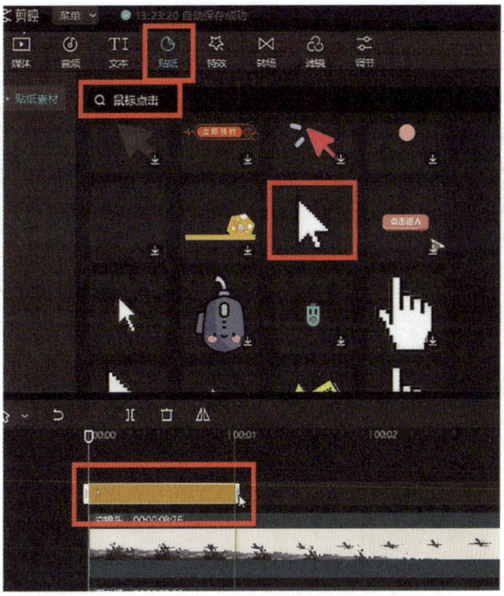

图 5-59　导入贴纸素材

（8）在“播放器”面板中将贴纸调整至合适的位置和大小，并在贴纸的“时间轴”面板的初始阶段为坐标选项添加一个关键帧，如图 5-60 所示。

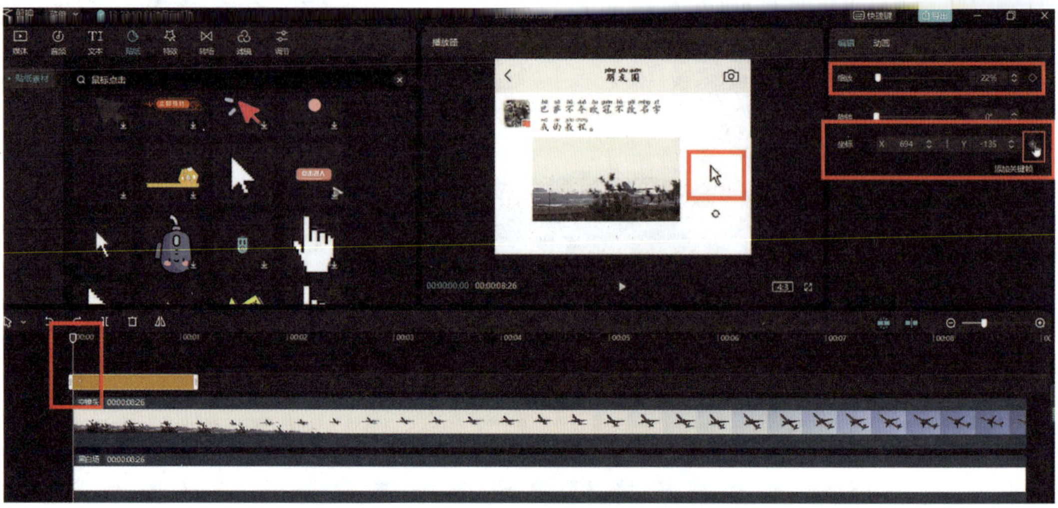

图 5-60　调整贴纸素材位置和大小并添加关键帧

（9）在视频开始放大的位置新增一个坐标关键帧，并将鼠标贴纸移动到视频画面的中间位置，如图 5-61 所示。

图 5-61　新增坐标关键帧

（10）在“素材”面板的音效素材中搜索“鼠标点击声”，将其导入至“时间轴”面板的音频轨道上，调整至视频素材开始放大的位置，如图 5-62 所示。

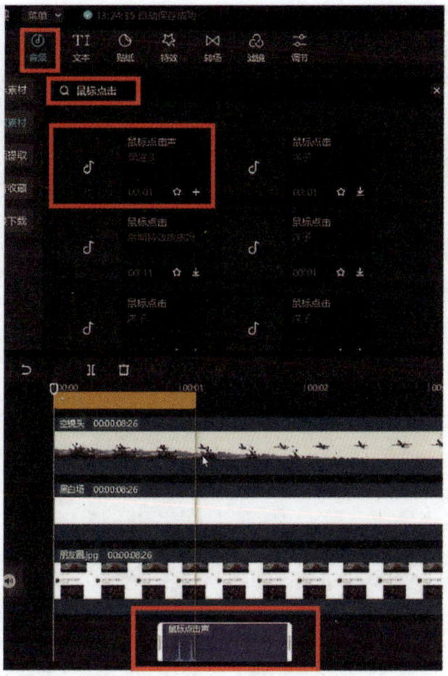

图 5-62　导入音频素材

（11）单击“播放器”面板中的“播放”按钮即可预览制作完成的视频效果，如图 5-63 所示。

图 5-63　预览视频效果

5.3.3　制作灯光卡点秀效果

利用画中画、蒙版、音频卡点可以制作灯光卡点秀效果，如图 5-64 所示。

图 5-64　灯光卡点秀效果

（1）在“素材”面板中导入想要制作的灯光秀素材，并将其添加至“时间轴”面板的视频轨道中，如图 5-65 和图 5-66 所示。

图 5-65　导入灯光秀素材

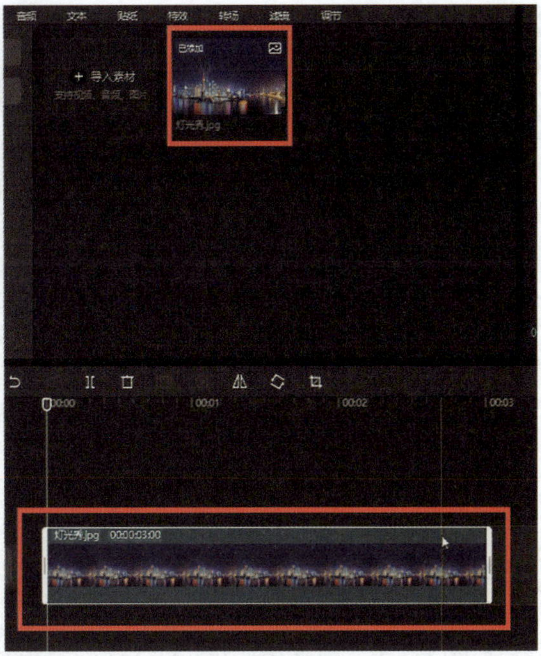

图 5-66　将素材添加至视频轨道中

（2）在“素材”面板的“音频提取”选项中提取一段需要卡点的音频，将其添加至“时间轴”面板的音频轨道中，并将灯光秀素材和音频素材调整为相同的长度，如图 5-67 和图 5-68 所示。

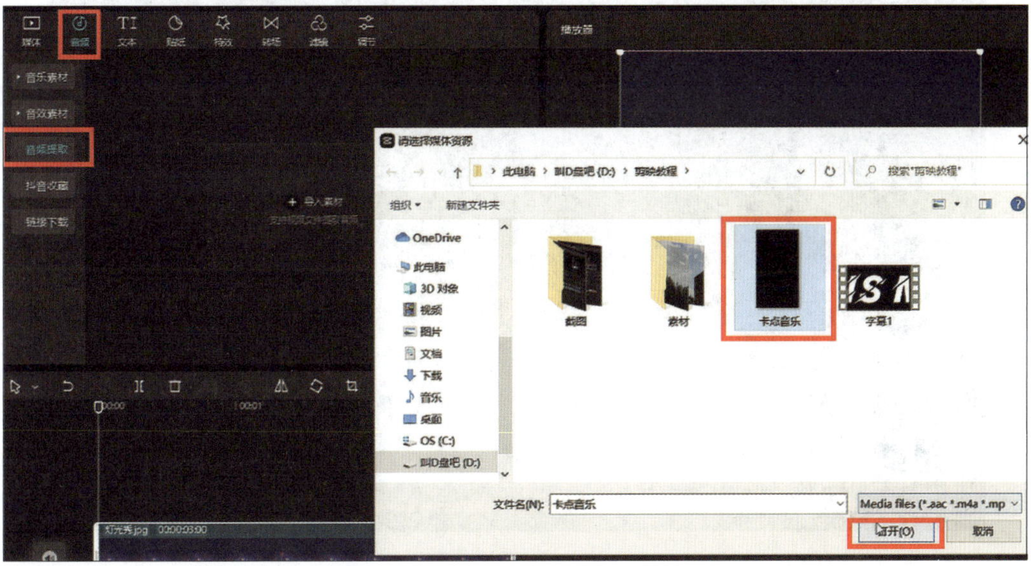

图 5-67　提取一段需要卡点的音频

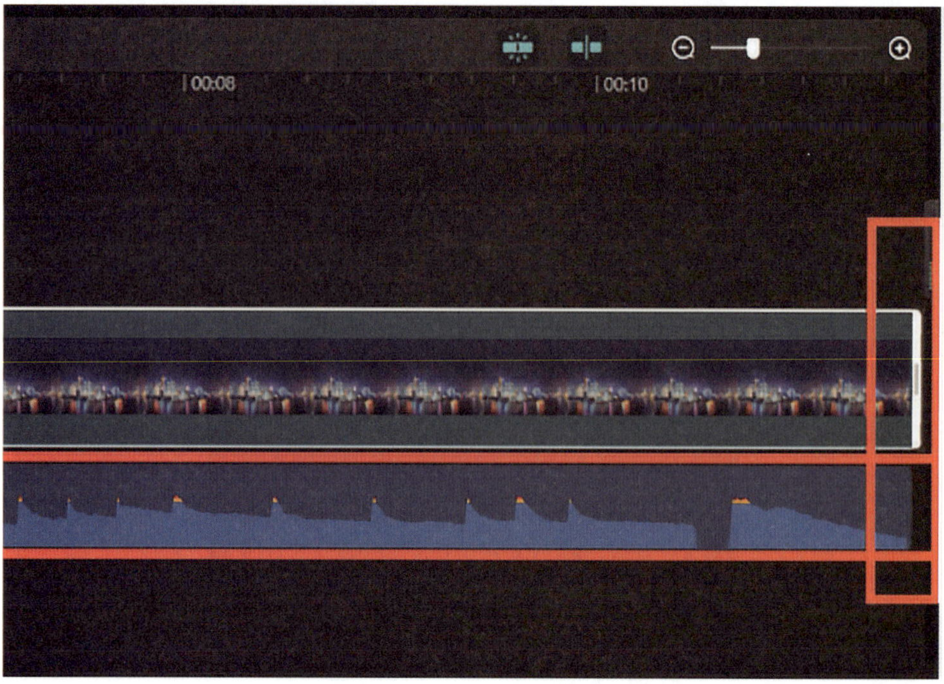

图 5-68　添加至“时间轴”面板并调整长度

（3）选择“时间轴”面板中的音频素材，单击手动卡点（快捷键 Ctrl+J），移动鼠标，将音频的最高点依次打点，如图 5-69 所示。

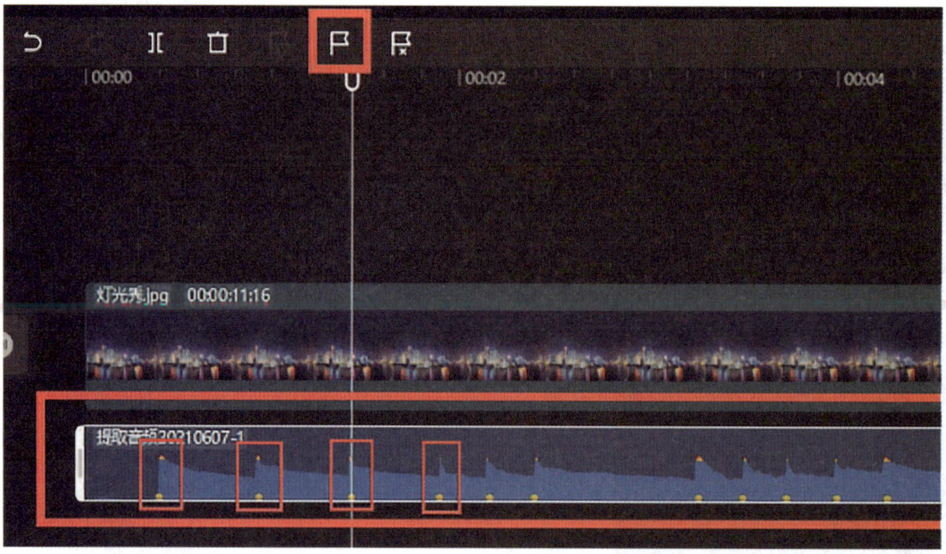

图 5-69　手动卡点

（4）再次添加灯光秀素材至“时间轴”面板使其成为画中画，调整时长与下方素材相同；在“素材”面板中为第一个灯光秀素材添加一个“默片”滤镜，如图 5-70 所示。

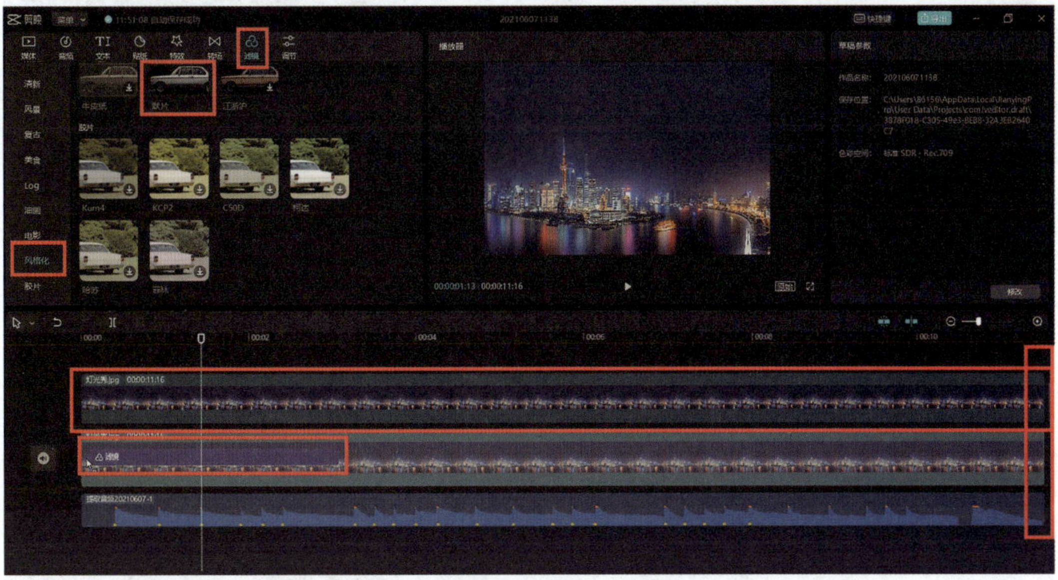

图 5-70　添加“默片”滤镜

（5）在“时间轴”面板中选中画中画素材，使用切割工具（快捷键 Ctrl+B）对照先前在音频上打好的点依次分割使其成为不连续的多个片段，如图 5-71 所示。

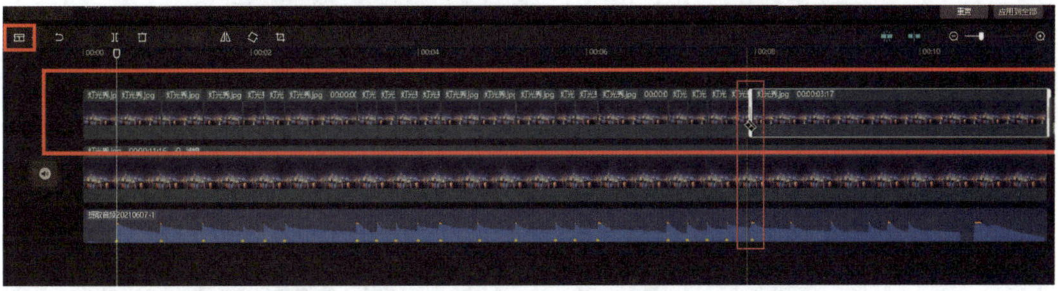

图 5-71　依照卡点进行分割

（6）选中画中画素材中的第一个片段，单击选项面板中的“蒙版”选项，为其添加一个矩形蒙版，如图 5-72 所示。

（7）在“播放器”面板中调整矩形蒙版的位置、大小、角度、弧度和羽化半径，使其与画中画素材中需要点亮的灯光部位契合，如图 5-73 所示。

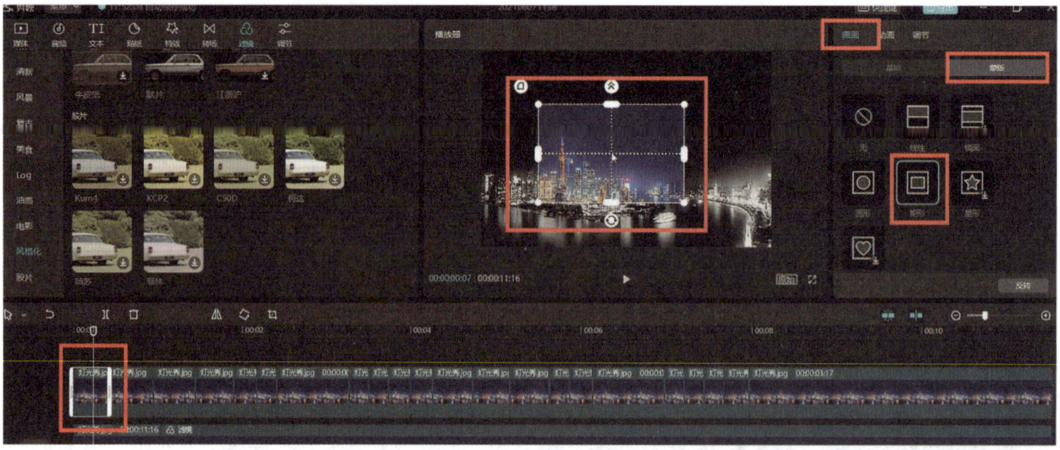

图 5-72　添加矩形蒙版

图 5-73　调整蒙版参数

（8）为了能够更加精准地操作，可以拖动“播放器”面板和“时间轴”面板中间的黑色缝隙来调整“播放器”面板的比例；除矩形蒙版外，可以利用其他形状的蒙版进行不规则物体的蒙版遮罩操作，如图 5-74 和图 5-75 所示。

图 5-74　调整“播放器”面板比例

图 5-75　进行蒙版遮罩操作

（9）按上述操作依次卡点完成后单击“播放器”面板中的“播放”按钮即可预览视频效果，如图 5-76 所示。

图 5-76　预览视频效果

5.3.4　制作发光字幕

利用关键帧、混合模式和特效可以制作发光字动画，如图 5-77 所示。

图 5-77　发光字效果

（1）在“素材”面板中导入一段黑场素材至“时间轴”面板，并将时长延长至合适的长度，如 5 秒，如图 5-78 所示。

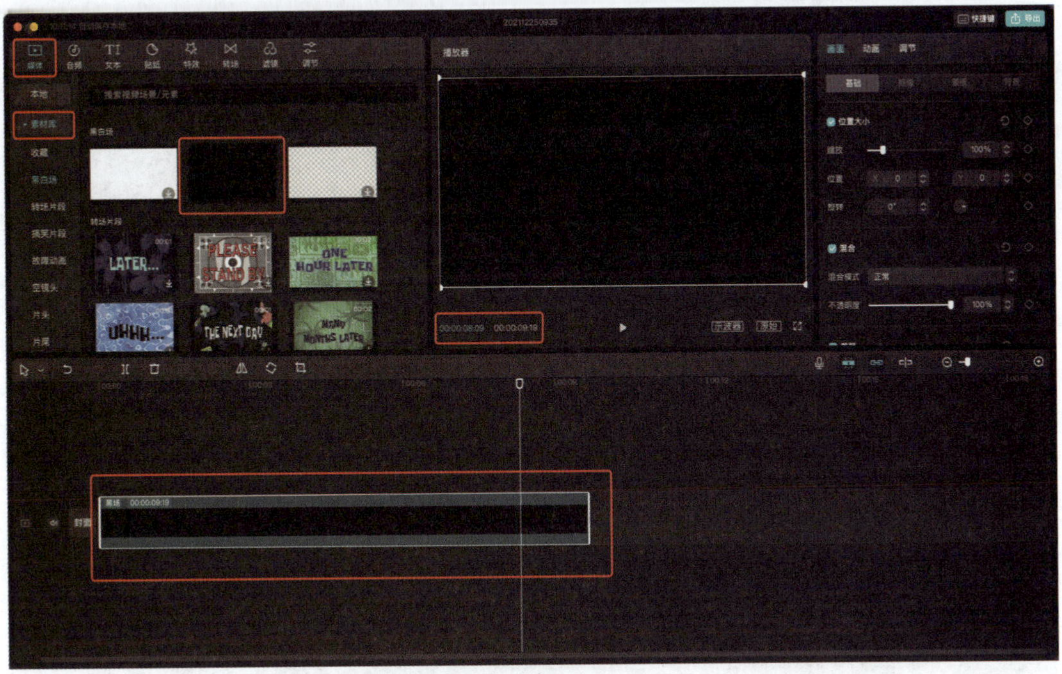

图 5-78　导入黑场素材并调整时长

（2）在黑场素材的上方添加一段文本素材，将其时长延长至与黑场素材一致，在选项面板中输入需要制作的文字并调整为合适的字体，如图 5-79 所示。

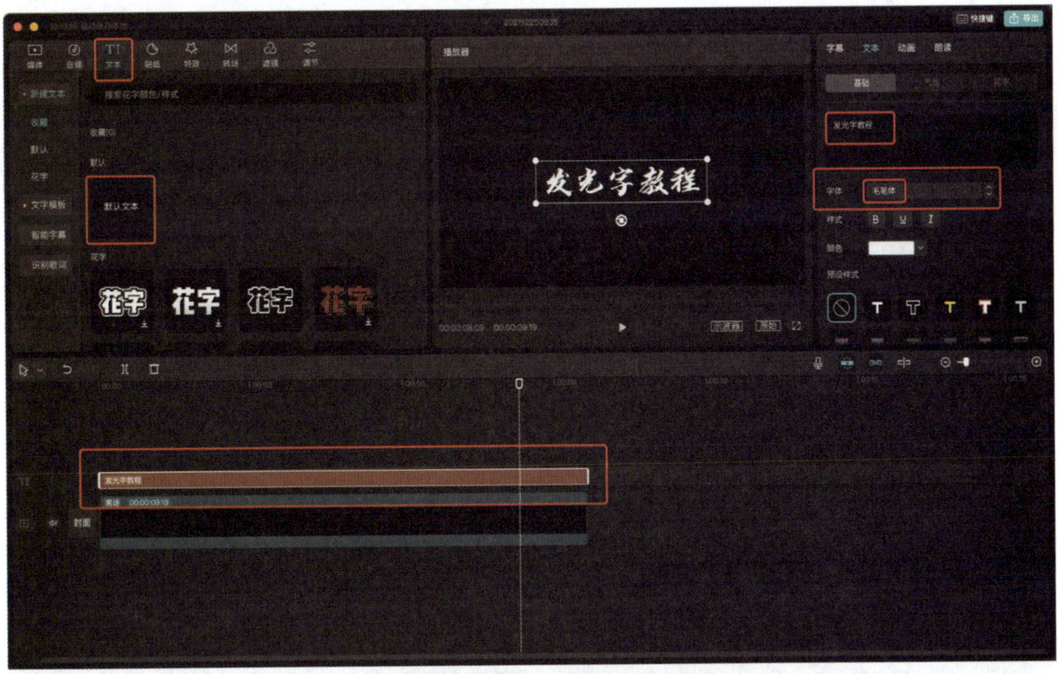

图 5-79　添加文本素材并调整

（3）为文本素材在片头的位置添加一个缩放选项关键帧，并在合适的位置新增一个放大关键帧使其成为一段放大的关键帧动画，如图 5-80 和图 5-81 所示。

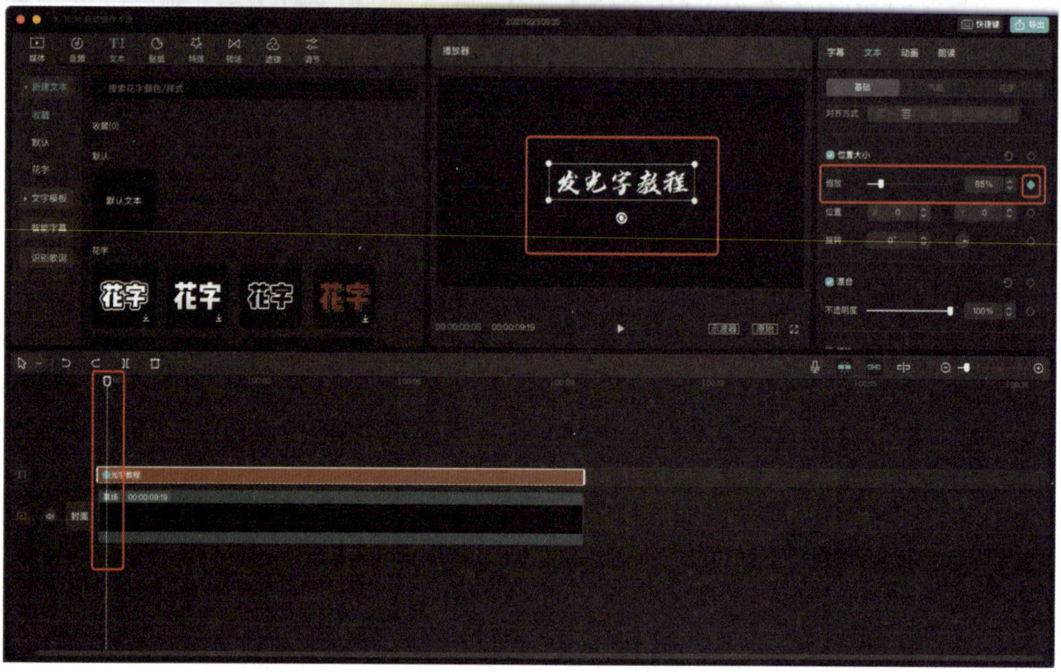

图 5-80　添加缩放选项关键帧

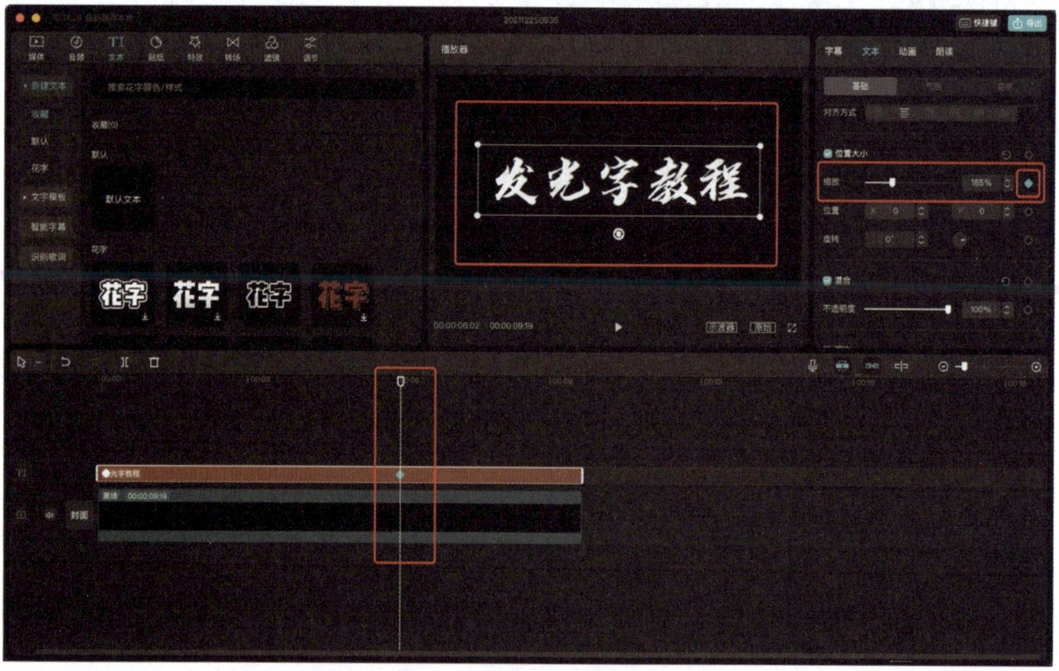

图 5-81　新增放大关键帧

（4）单击菜单栏中的“导出”命令，重命名文件名，然后单击“导出”按钮，如图 5-82 所示。

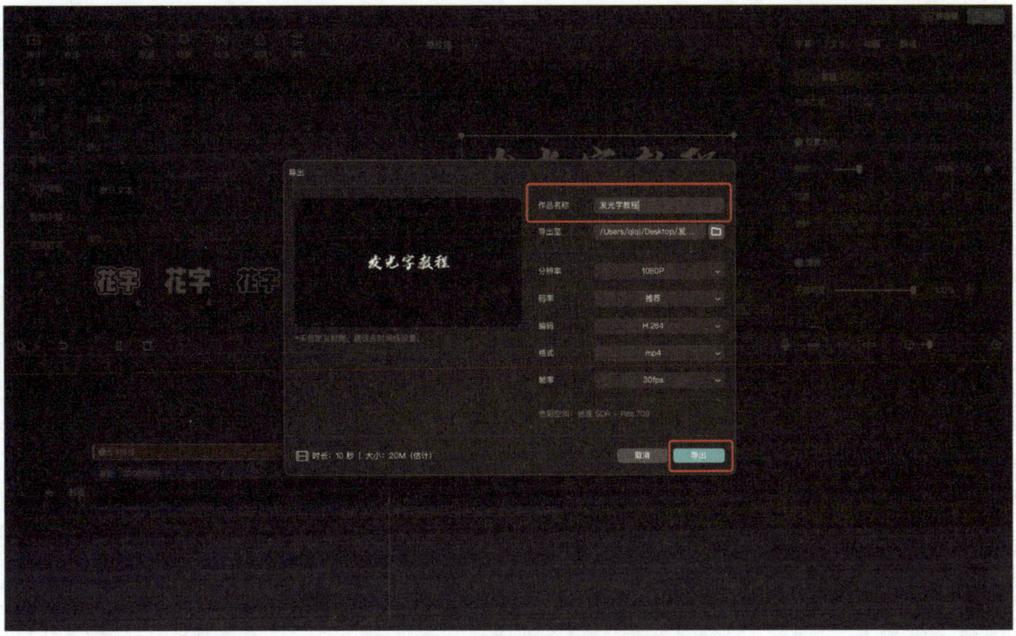

图 5-82　导出文件

（5）新建一个剪辑列表，以空镜头素材为例，导入需要制作的视频素材至“时间轴”面板，如图 5-83 所示。

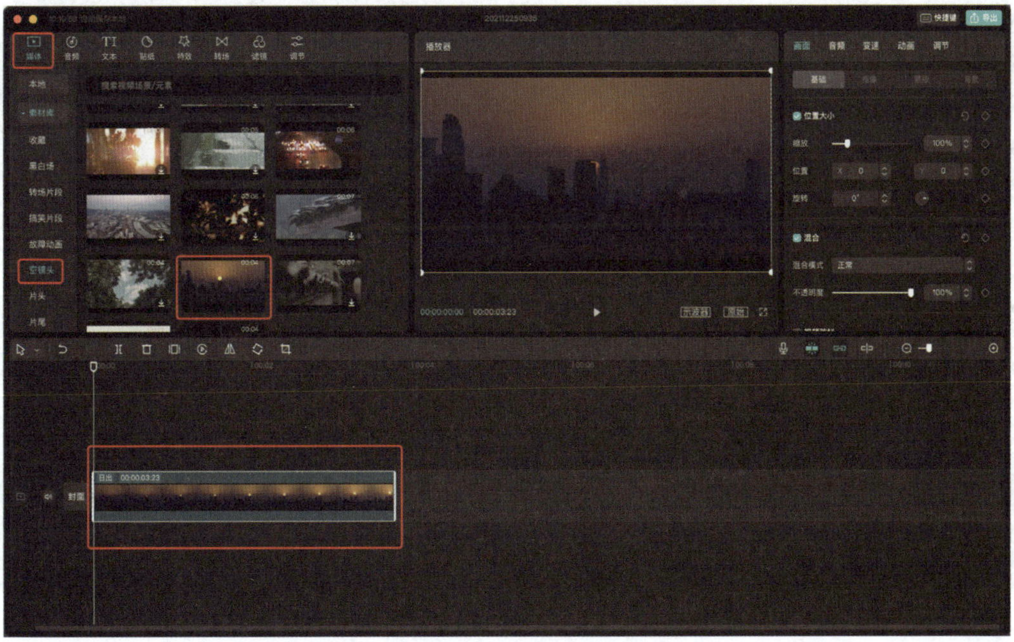

图 5-83　新建剪辑列表

（6）在“素材”面板中导入先前制作好的文本素材，将其添加至视频素材上方，并将两段素材调整至相同的时长，如图 5-84 和图 5-85 所示。

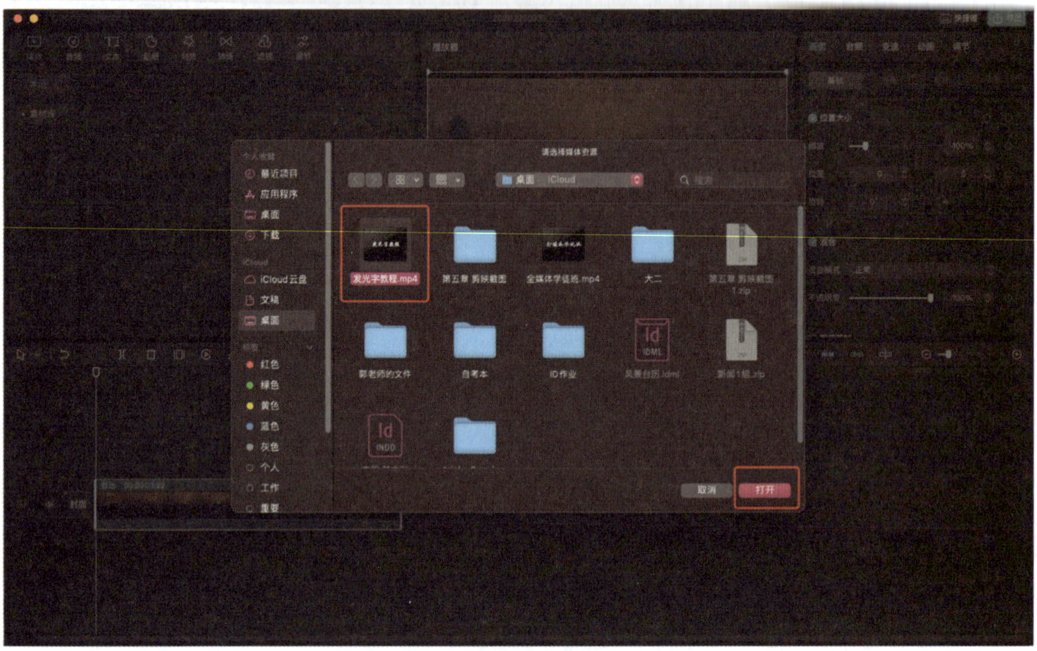

图 5-84　导入制作好的文本素材

图 5-85　调整素材时长

（7）选中“时间轴”面板中的文本素材，在选项面板中将其混合模式设置为“滤色”，如图 5-86 和图 5-87 所示。

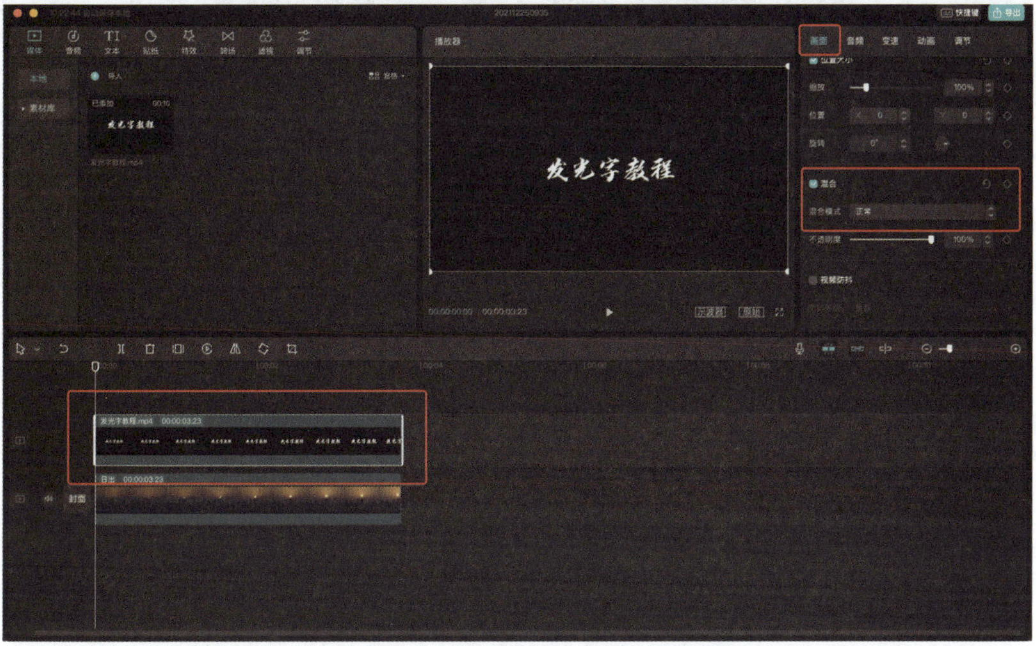

图 5-86　选中“时间轴”面板中的文本素材

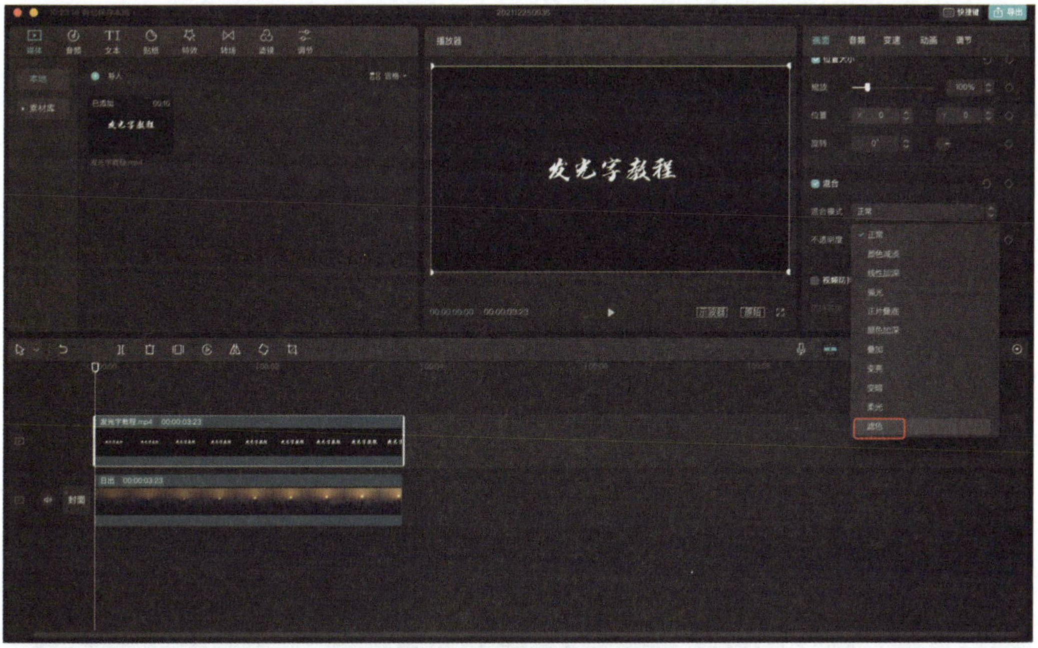

图 5-87　设置混合模式

（8）单击“素材”面板中的特效素材，以天使光素材为例，在光影素材中添加一个光影特效至文本素材，单击“播放器”面板中的“播放”按钮即可预览制作完成的视频效果，如图 5-88 所示。

图 5-88　添加光影特效并预览

5.3.5　制作视频片尾滚动字幕

利用关键帧、画中画、文本可以制作电影片尾的滚动字幕效果，如图 5-89 所示。

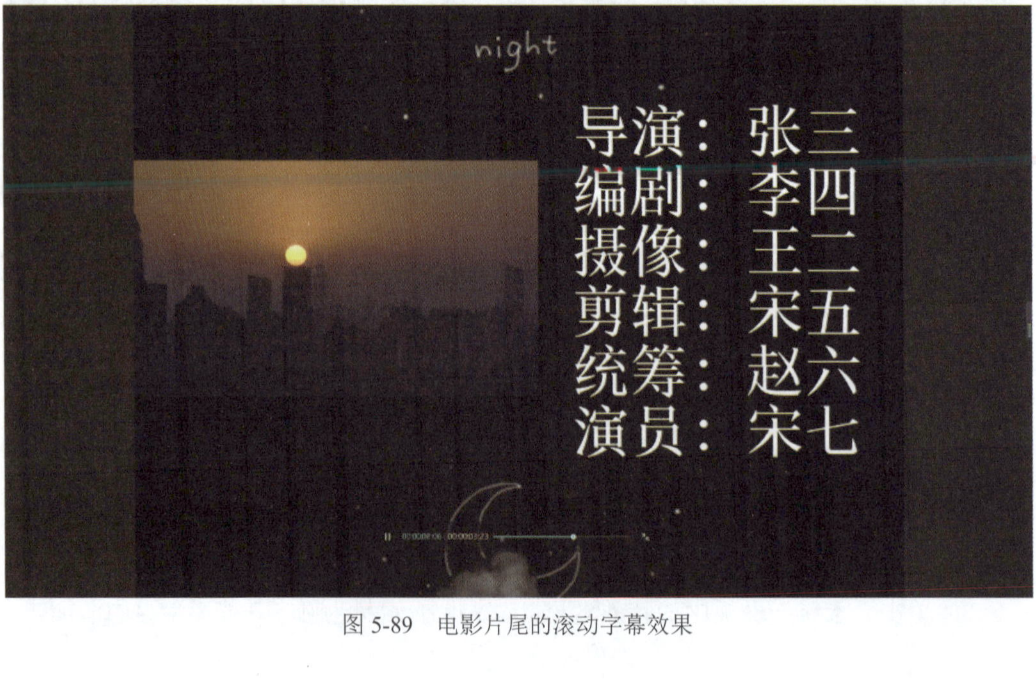

图 5-89　电影片尾的滚动字幕效果

（1）在“素材”面板中导入一张想要作为背景的图片或视频，如图 5-90 所示。

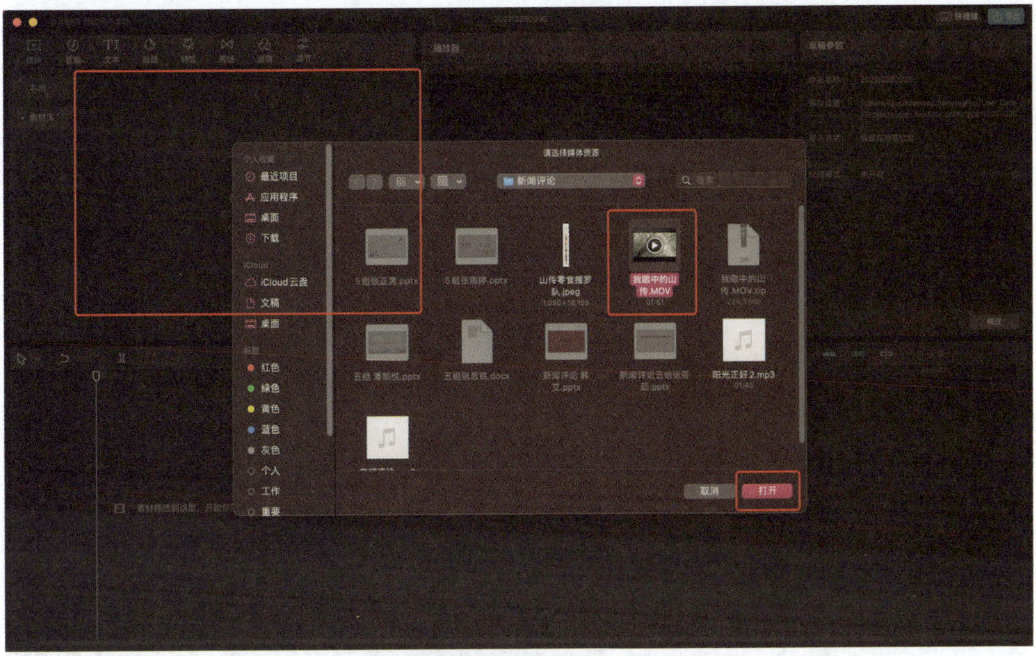

图 5-90　导入背景图片或视频

（2）将所选背景图片拖拽到“时间轴”面板上，如图 5-91 所示。

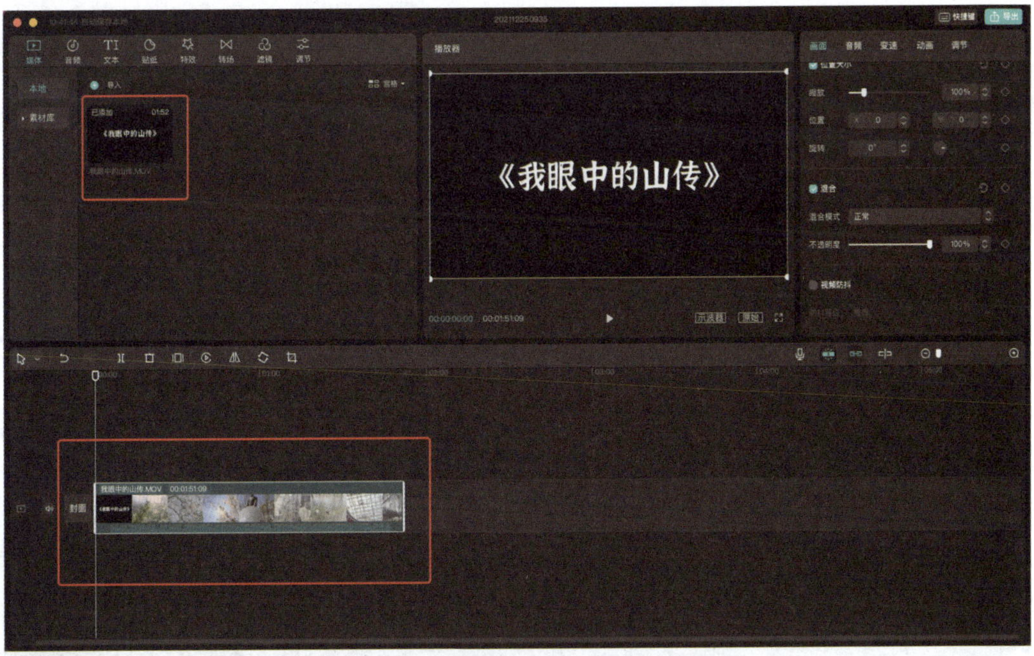

图 5-91　将背景图片拖拽到“时间轴”面板上

（3）以“素材”面板中的空镜头素材为例，将其拖拽至“时间轴”面板中背景图片的上方，并调整其时长与视频时长一致（注意，图片素材可以无限延长，视频素材只可以缩短，无法延长），如图 5-92 所示。

图 5-92　调整背景图片时长

（4）选择视频素材并将时间滑块放至片尾滚动动画想要开始的地方，如图 5-93 所示。

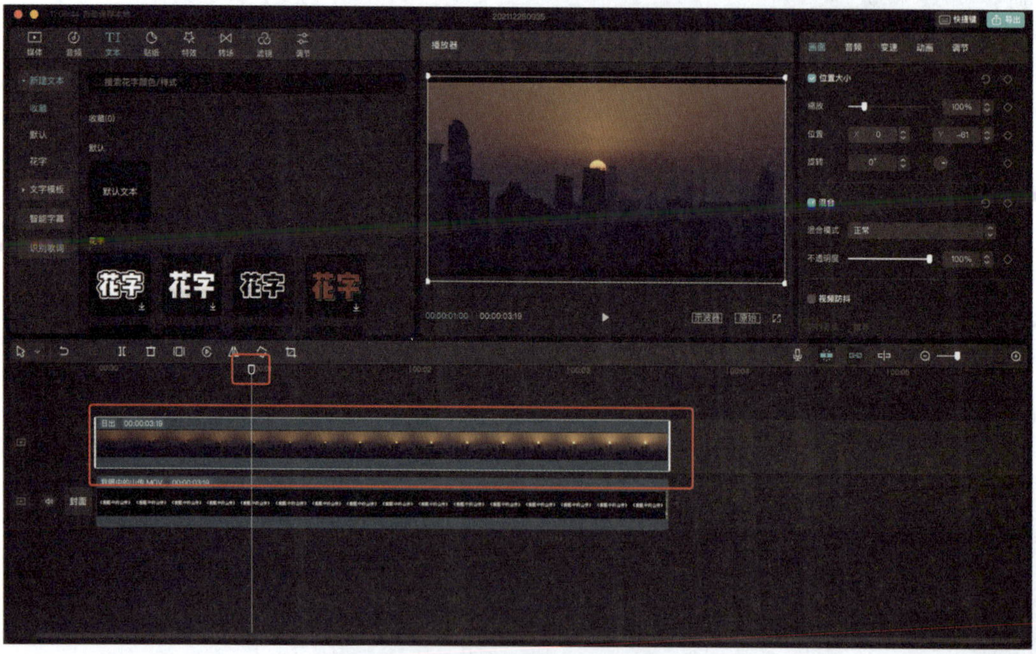

图 5-93　调整视频素材的时间滑块

（5）在选项面板中为缩放选项添加一个关键帧，然后将时间滑块拖拽至合适的位置，再新增一个缩放关键帧，如图 5-94 和图 5-95 所示。

图 5-94　添加关键帧并调整时间滑块

图 5-95　添加缩放关键帧

（6）在第二个关键帧的位置操作鼠标将“播放器”面板中的视频边框缩小至合适的

大小，这里我们设置缩放为 50%，如图 5-96 所示。

图 5-96　缩小视频边框

（7）为使其在视觉效果上更有连贯性，将时间滑块拖拽至合适的位置，并在坐标选项中添加关键帧使视频产生位移动画，如图 5-97 所示。

图 5-97　调整时间滑块并添加关键帧

（8）将时间滑块拖拽至视频动画结束的位置，再次在坐标选项中添加关键帧，并在“播放器”面板中用鼠标将视频拖拽至合适的位置，为我们的字幕留出空间，如图 5-98 所示。

图 5-98　添加关键帧并调整位置

（9）在“素材”面板中添加一个文本素材，将文本时长延长至片尾；在选项面板中输入演职员名单，并在字体预设中更换成想要的字体，如图 5-99 所示。

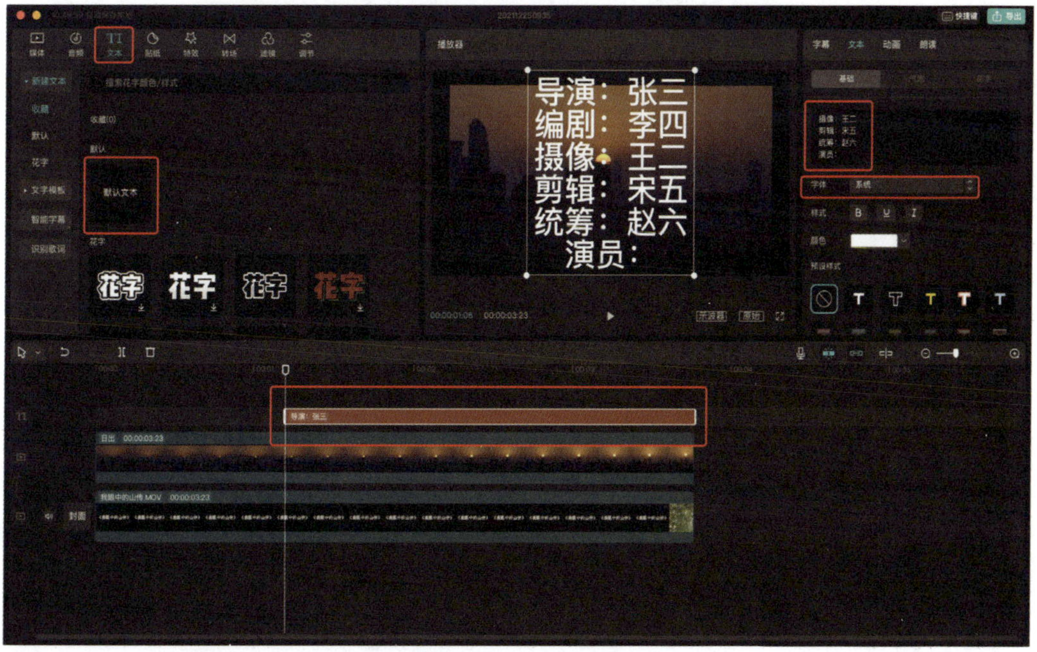

图 5-99　添加文本素材并设置

（10）用鼠标将字幕拖拽至开始显现的位置，拖拽时间滑块至视频动画开始时，并在坐标选项上添加一个关键帧，如图 5-100 所示。

图 5-100　调整时间滑块位置并添加关键帧

（11）再次拖拽时间滑块至视频结尾处，新增一个关键帧，并在新增的关键帧位置用鼠标将字幕拖拽至画面最上方使其移动出画面，如图 5-101 所示。

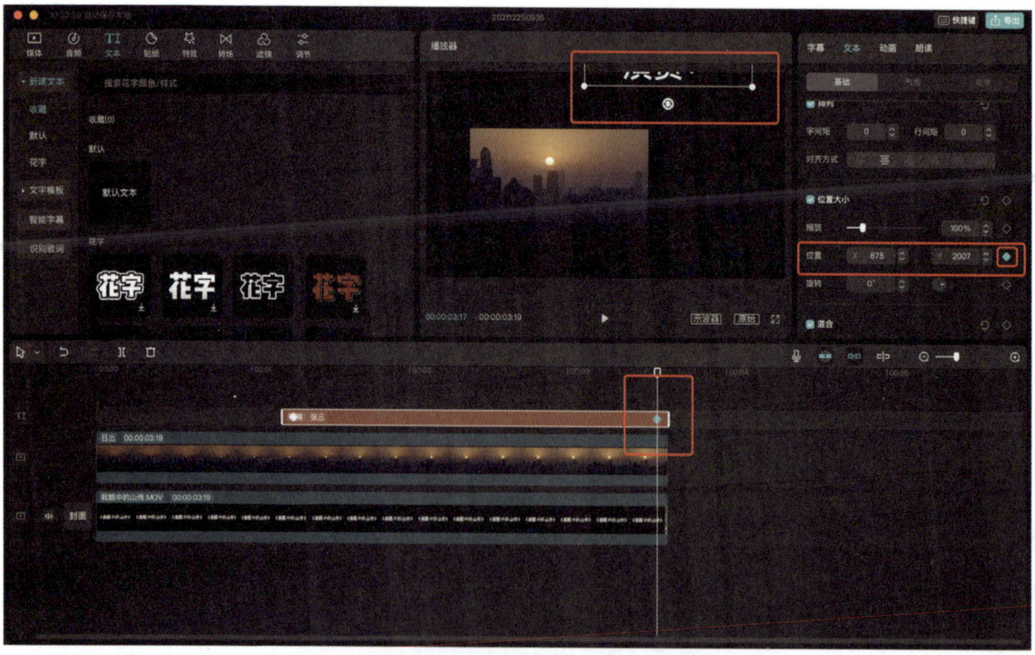

图 5-101　添加关键帧并调整字幕位置

（12）单击“播放器”面板中的“播放”按钮即可预览完成的动画，如图 5-102 所示。

图 5-102　单击“播放”按钮预览动画效果

习题 5

1．以扫光字特效为片头制作一个微信朋友圈短视频介绍。
2．找一首当下最流行的音乐制作一个自己假期生活的卡点视频。

第6章 开拍

本章导读

开拍，意味着我们要进入真正的制作阶段。本章以拉片子开头，因为本书作者当年进入影视阶段的学习时老师给安排的第一项任务就是拉片子，对拉片子在整个影视工作中的作用很有感触。那么什么是拉片子，怎么拉片子，在前辈们拉片子的基础上怎样适应短视频的创作，本章会一一展开讲述，并在本章最后列出了两个详细的脚本，大家可以试着按脚本拍出来，然后根据脚本上的时间剪辑完成，相信一定能获得一份不错的影片。

6.1 拉片子定义

学习影视编剧法的重要方法之一就是拉片子。拉片子即逐格、逐句地解读电影和电视剧，通过细致的观摩全面掌握片中的内容、风格与技巧。优秀影视剧是学习编剧法的生动教材，它可以为我们提供成功的叙事经验。

坐在计算机前，一边观看影片，一边学习镜头语言的表述手法，是一种有趣的、累人的、富于挑战的学习方式。同学们通过拉片子可以初步掌握镜头语言的表述手法，熟悉影片基础理论，这是学会用镜头讲故事的基础，从某种角度上讲是一种“速成”方案。这里需要强调的是仅限于学生学习阶段。

用拉片子的方法可以将影片的叙事范例与抽象、生涩的镜头逻辑理论生动地结合在一起，有助于大家理解各种概念和熟悉它们的使用。同学们脑子里存储了一定数量的情节模块后对镜头叙事就会自然产生一种节奏感和模块化记忆，这也是我们在第 2 章给大家总结和强调人物场景模块化的目的。

拉片子是一项看似简单，实则复杂，并且需要很大耐心的工作。学生要完成一部影片的精读作业，必须仔细地反复地拉片子。一个学习小组分工合作，用一周时间系统地分析一部影片也非易事。并不是看过一遍影片，经过简单整理，就能写出只有内行才能完成的影片记录。这就如同一个专业画家临摹一幅好画，如果仅仅描绘出轮廓就等于什么也没看到。他应该看到的是构图、色彩、技法、步骤、情感表达方式这些大到整体小到非常具体而琐碎的别人不屑看或者看不出来的内容。要成为一个影视人，拉片子无疑是艰辛而有效的基础学习。

本章采用案例分享的方法，通过两部影片分镜头脚本的展现使读者更直观地去理解剪辑技巧和蒙太奇语言的基本技巧。

短视频《借钱单身山——泡面版》

剧本来源：林果炸喽，抖音短视频账号 ZL202103110

借钱单身山

男 A　秀恩爱群群主

男 B　单身汉群主

男 C　大金刚

男 D　二金刚

男 A：天上飘来一朵云，乌鸦落进单身群，满屋都是单身汉，这事不好办

男 D：来者何人，怎么称呼

男 A：在下双木林

男 C：林先生，在哪里高就

男 A：楼上秀恩爱群的

男 D：怎么想来我们单身群呢

男 A：来借钱的

男 D：大胆

男 A：请听我把话说完

男 D：干什么的

男 A：确有难言之隐

男 C：脸红什么

男 A：520 把钱花没了

男 D：咋滴又黄了

男 A：没钱吃饭了

男 B：（边吃着泡面边转身说）你是有女朋友的人了

男 A：秀恩爱三群群主，还望您多多照顾

男 B：听说秀恩爱群 有两件心爱的东西

男 A：两件珍宝

男 B：哪两件珍宝

男 A：宝马快刀

男 B：马是什么马

男 A：收款付款码

男 B：刀是什么刀

男 A：砍价专用刀

男 B：何人所赠

男 A：平时多半是老爸给的

男 B：撒谎（吃一口面）你当我笨吗

男 A：不敢，不敢，我这给您带了礼物，还请笑纳（掏出方便面）最新款的藤椒泡面送您

男 B：好！哥几个，凑钱

下面是《借钱单身山——泡面版》学生翻拍分镜脚本。

镜号	景别	技巧	场地	时间	音乐	截图参考	备注	台词
1	脸部特写拉开	运动镜头（拉）	餐厅	0 ~ 2s				天上飘来一朵云
2	中近景	固定镜头仰拍	餐厅	2 ~ 3.18s		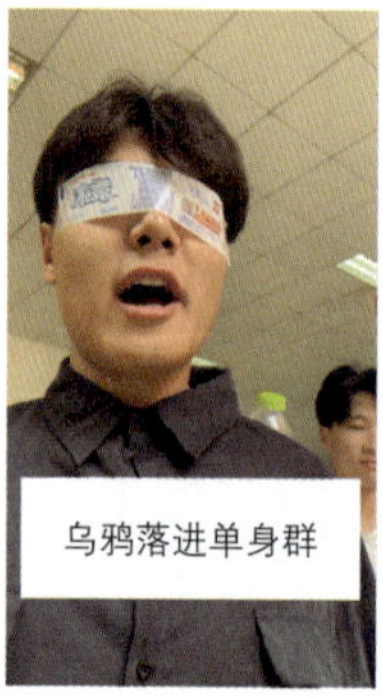		乌鸦落进单身群
3	中近景	固定镜头平视	餐厅	3.19 ~ 5.06s		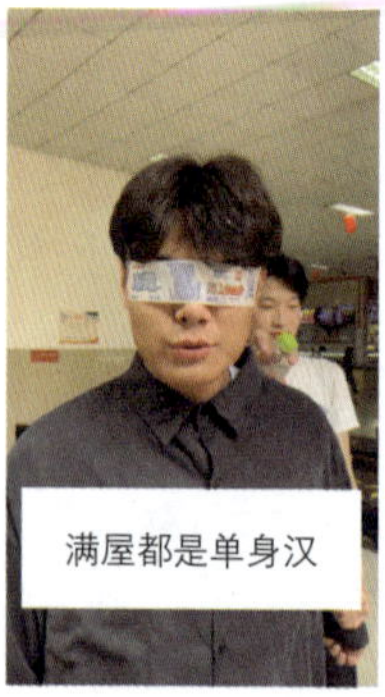		满屋都是单身汉

镜号	景别	技巧	场地	时间	音乐	截图参考	备注	台词
4	特写	固定镜头	餐厅	5.07 ～ 7.05s				这事不好办
5	近景	固定镜头	餐厅	7.06 ～ 8.12s		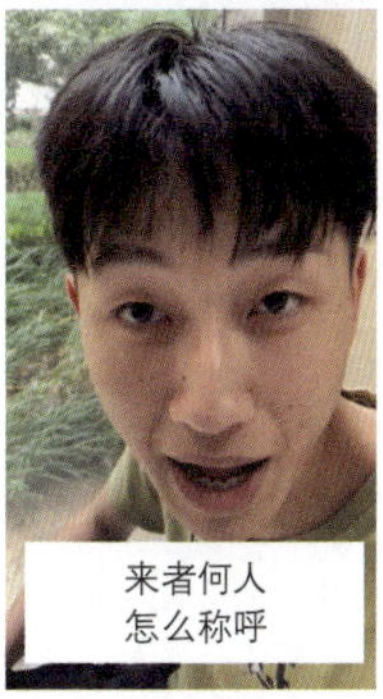		来者何人 怎么称呼
6	中景	固定镜头	餐厅	8.13 ～ 10.12s		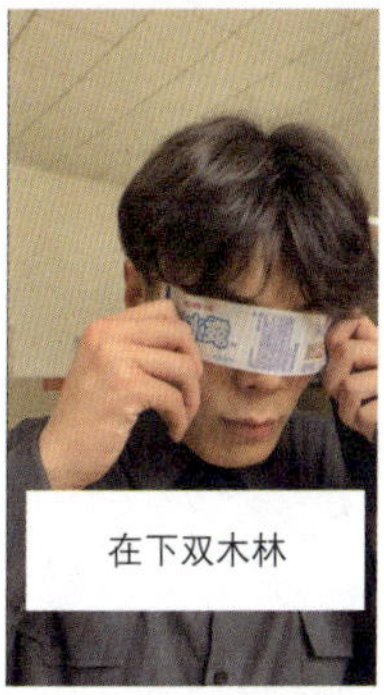		在下双木林
7	近景	固定镜头	餐厅	10.13 ～ 13.01s		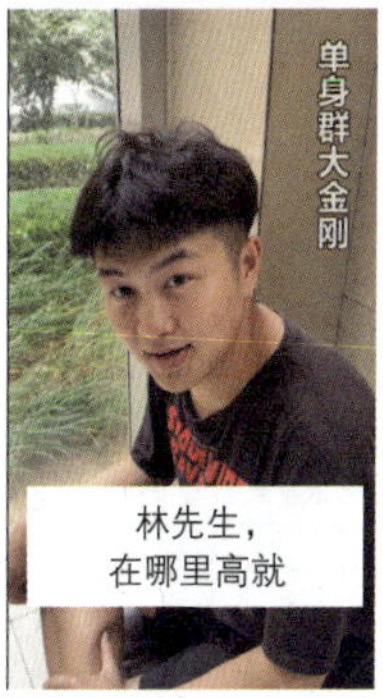		林先生，在哪里高就

镜号	景别	技巧	场地	时间	音乐	截图参考	备注	台词
8	近景	固定镜头	餐厅	13.02 ～ 15.19s				楼上秀恩爱群的
9	近景	移镜头 左向右微拉	餐厅	15.20 ～ 17.25s				怎么想来我们单身群呢
10	近景	固定镜头	餐厅	18 ～ 19s				来借钱的
11	近景	固定镜头	餐厅	19 ～ 20.21s				大胆

镜号	景别	技巧	场地	时间	音乐	截图参考	备注	台词
12	近景	固定镜头	餐厅	20.22 ～ 22.13s				请听我把话说完
13	近景	固定镜头	餐厅	22.14 ～ 24s		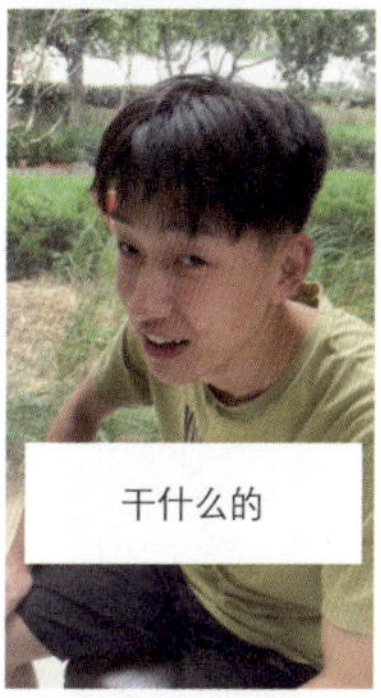		干什么的
14	近景	运动镜头（推）	餐厅	24.01 ～ 26.24s				确有难言之隐
15	近景	固定镜头	餐厅	27 ～ 27.21s		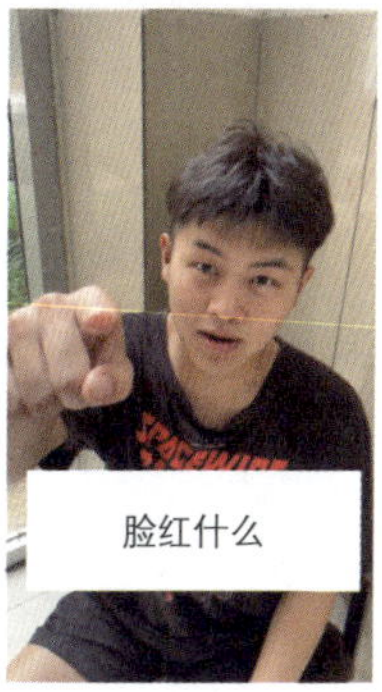		脸红什么

镜号	景别	技巧	场地	时间	音乐	截图参考	备注	台词
16	近景	固定镜头	餐厅	27.22 ～ 29.11s				520 把钱花没了
17	特写	固定镜头	餐厅	29.12 ～ 31.01s		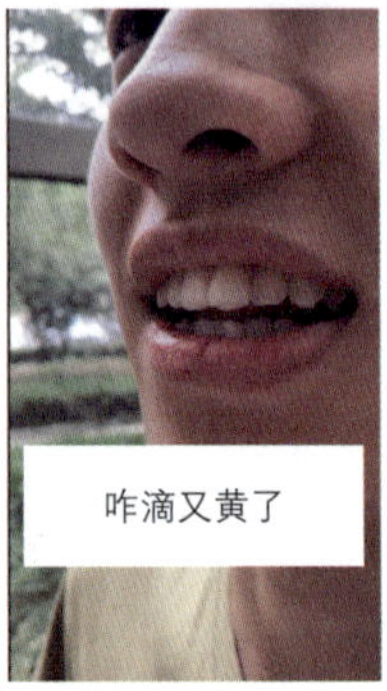		咋滴又黄了
18	近景	固定镜头	餐厅	31.02 ～ 33.11s				没钱吃饭了
19	全景	固定镜头	餐厅	33.12 ～ 36.23s			边吃着泡面边转身说	你是有女朋友的人了

镜号	景别	技巧	场地	时间	音乐	截图参考	备注	台词
20	中景	固定镜头	餐厅	36.24 ～ 39.10s				秀恩爱三群群主，还望您多多照顾
21	中景	固定镜头	餐厅	39.11 ～ 41.24s				听说秀恩爱群有两件心爱的东西
22	近景	固定镜头	餐厅	42 ～ 43s				两件珍宝
23	特写	固定镜头	餐厅	43.01 ～ 44.08s		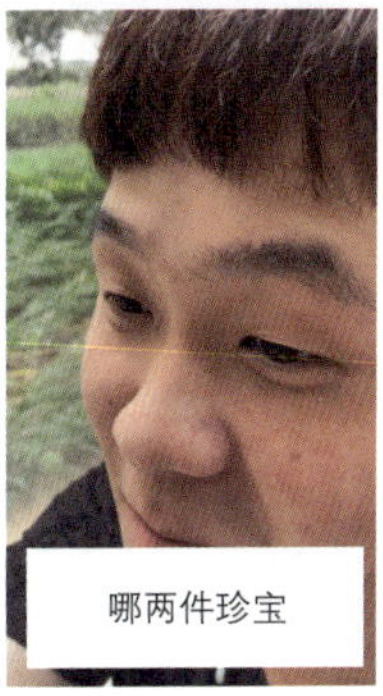		哪两件珍宝

镜号	景别	技巧	场地	时间	音乐	截图参考	备注	台词
24	中景	固定镜头	餐厅	44.09 ～ 45.21s				宝马快刀
25	中景	固定镜头	餐厅	45.22 ～ 46.24s				马是什么马
26	近景	固定镜头	餐厅	47 ～ 48.07s				收款付款码
27	近景	固定镜头	餐厅	48.08 ～ 49.10s				刀是什么刀

镜号	景别	技巧	场地	时间	音乐	截图参考	备注	台词
28	中景	固定镜头	餐厅	49.11 ～ 51.04s				砍价专用刀
29	近景	固定镜头	餐厅	51.05 ～ 52.15s				何人所赠
30	近景	固定镜头	餐厅	52.16s ～ 54.07s				平时多半是老爸给的
31	中景	固定镜头	餐厅	54.08 ～ 56.16s			吃一口面	撒谎

镜号	景别	技巧	场地	时间	音乐	截图参考	备注	台词
32	近景	固定镜头	餐厅	56.17 ~ 57.08s				
33	近景	固定镜头	餐厅	57.09 ~ 1.02.04s				你当我笨吗
34	近景	固定镜头	餐厅	1.02.05 ~ 1.08.16s			掏出方便面	不敢，不敢，我这给您带了礼物，还请笑纳 最新款的藤椒泡面送您
35	中景	移动镜头，向下拉	餐厅	1.08.17 ~ 1.13s				好！ 哥几个，凑钱

6.2 微电影创作

6.2.1 自己编写剧本

剧本是整个故事的蓝图，每一部成功的微电影背后都有一个相当完善的剧本。电影的成功与这部影片的预算有多大，特效做得多么逼真等因素没有直接关系，最重要的是故事要感染人、令人振奋并且可信。

成功的剧本建立在一个好故事的基础上，完成一个好故事不仅需要灵感和汗水，还需要将想法发展成为观众想看到的产品。在创作故事的时候一定要选择一个你熟悉的故事，最好是那些自己看到过的或者身边经历过的及生活中遇到过的故事。

观察真实生活中的种种瞬间：童年回忆、工作趣事、大学经历。

翻阅经典文学：神话故事、经典英雄人物传记。

6.2.2 改编剧本

作为编剧，你可以根据已经存在的作品创作剧本，如一本书、一首诗、短篇故事，甚至是个人经历。但是，随意将改编的剧本拍摄成电影可能会给你引来著作权纠纷和法律责任问题。

合法使用已存在作品进行改编的方法是购买改编权。购买的改编权是有时间限制的，购买方需要承诺在一定时间内完成剧本后或将其拍摄成电影上映，或将剧本出售给制片公司。

一般拍摄计划如下：

（1）将剧本中每处所涉及的角色、道具、服装及其他需要准备的视频场景元素标记出来。

（2）将标记出的场景细分，分批次制作相应的元素。仔细研究并开始收集道具和服装，并为每件道具和服装做好标记，包括使用演员的名字和该场戏的序号。拍摄结束后，及时清理和修补相关物料。

（3）依据剧本要求确定演员、拍摄场地和影视设备，然后确定需要拍摄的天数。

（4）制订每日拍摄计划、开拍时间、特效制作时间，最好留出一些补拍时间。

（5）把脚本电子版及拍摄日程分发给每位工作人员，如有其他因素影响拍摄，应及时调整拍摄计划。

下面是 2020 级网络新闻与传播专业学生改编拍摄的《人生 B 面》分镜脚本，供大家参考。

镜号	景别	技巧	场地	内容	时间	音乐	截图参考	备注	台词
1	全景	固定镜头	监狱	律师与犯人对话	0 ~ 3.15s				我知道你人脉广
2	特写	移镜头左向右微拉	监狱	犯人手放在桌子上	3.16 ~ 5.15s		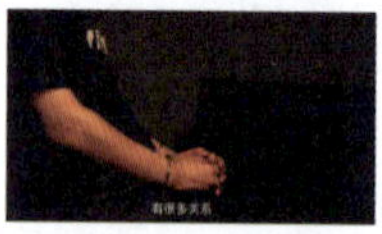		有很多关系
3	全景	固定镜头	监狱	犯人想买通律师	5.16 ~ 7.15s				只要你能把我弄出去
4	近景	固定镜头	监狱	犯人奸笑着说话	7.16 ~ 9.11s				你开个价
5	近景	固定镜头	监狱	律师面部表情	9.12 ~ 11.05s			旁白	
6	中景	固定镜头	法院	律师在申辩	11.06 ~ 13.20s			旁白	
7	近景	固定镜头	法院	法官落锤	13.21 ~ 15.23s				
8	中景	固定镜头	法院	犯人家属失望离场	15.24 ~ 22.12s				
9	大全景	移镜头左向右微拉	教室	教师正在上课	22.13 ~ 23.17s				
10	中景	固定镜头	教室	老师在过道走过好学生举手	23.18 ~ 25s				
11	中景	固定镜头	教室	老师教题给好学生	25 ~ 26.10s				

镜号	景别	技巧	场地	内容	时间	音乐	截图参考	备注	台词
12	大全景	固定镜头	教室	老师走向黄头发学生	26.11 ～ 27.20s				
13	中景	固定镜头	教室	老师训斥黄头发学生	27.21 ～ 28.14s				你怎么还在写这道题啊还错
14	近景	固定镜头	教室	老师训斥黄头发学生	28.15 ～ 31.03s				
15	中景	固定镜头	教室	老师训斥黄头发学生	31.04 ～ 33.03s				我在课上都讲了多少遍了
16	近景	固定镜头	教室	老师训斥黄头发学生	33.04 ～ 35.09s				你怎么还是不会 上课不带耳朵吗
17	全景	固定镜头	教室	同学们嘲笑黄头发学生	35.10 ～ 37.06s				
18	特写	固定镜头	教室	老师训斥黄头发学生	37.07 ～ 38.24s			旁白	
19	近景	固定镜头	教室	老师训斥黄头发学生	38.25 ～ 41.17s			旁白	
20	中景	固定镜头	办公室	职员被主管训斥	41.18 ～ 43.21s			画外音	你看看你写的什么策划案
21	中景	固定镜头	办公室	主管训斥职员	43.22 ～ 45.06s				漏洞百出
22	中景	固定镜头	办公室	职员被主管训斥	45.07 ～ 46.14s				

镜号	景别	技巧	场地	内容	时间	音乐	截图参考	备注	台词
23	中景	固定镜头	办公室	主管训斥职员	46.15 ～ 47.07s				今天加班改
24	中景	固定镜头	办公室	职员抬头看向主管	47.08 ～ 48.14s				改不好就不要回家了
25	中景	固定镜头	办公室	主管转身	48.15 ～ 49.23s				
26	中景	固定镜头	办公室	职员表情凝固	49.24 ～ 51s				
27	近景	固定镜头	办公室	职员侧脸镜头	51.01 ～ 53.04s			旁白	
28	中景	固定镜头	办公室	职员低头看向策划案	53.05 ～ 56.10s			旁白	
29	特写	固定镜头	医院	手术科	56.11 ～ 57.18s				我们的孩子怎么样了
30	近景	固定镜头	医院	医生走出手术室	57.19s ～ 1min		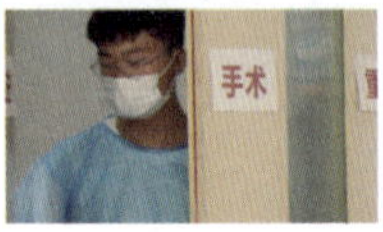		
31	中景	固定镜头	医院	父亲母亲向医生打听自己孩子的病情	1min ～ 1.06s				
32	近景	固定镜头	医院	实习医生特写镜头	1.06 ～ 1.08s		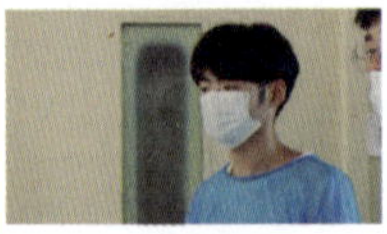		
33	近景	固定镜头	医院	主治医生说你的孩子没救了	1.09 ～ 1.12s		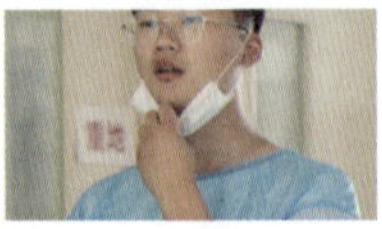		很遗憾　我们已经尽力了

镜号	景别	技巧	场地	内容	时间	音乐	截图参考	备注	台词
34	近景	固定镜头	医院	实习医生低头	1.12 ~ 1.15s				
35	近景	移动镜头向下拉	医院	妈妈悲痛坐地上	1.15 ~ 1.17s		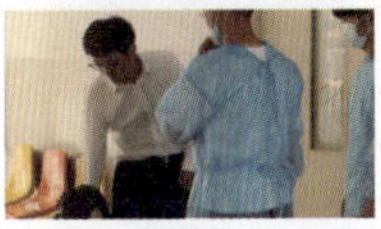		
36	特写	镜头微晃动	医院	孩子妈妈悲痛欲绝	1.17 ~ 1.21s			旁白	
37	近景	固定镜头	医院	医生表情凝固	1.21 ~ 1.26s		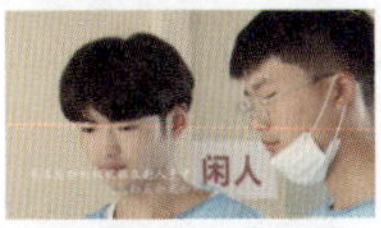	旁白	
38	全景	固定镜头	法院	律师下楼	1.26 ~ 1.29s				贱人就是他他是杀人犯的帮凶
39	中景	固定镜头	法院	被害人家属辱骂律师	1.29 ~ 1.30s				
40	近景	固定镜头	法院	律师面部表情特写	1.30 ~ 1.31s				
41	中景	固定镜头	法院	被害人家属辱骂律师	1.31 ~ 1.32s				
42	全景	固定镜头	法院	律师走出镜头	1.32 ~ 1.36s				
43	中景	固定镜头	路边	律师看到网上有人骂自己	1.36 ~ 1.42s				
44	中景	固定镜头	楼梯	律师在回家的楼梯上	1.42 ~ 1.45s				
45	近景	固定镜头	楼梯	律师表情	1.45 ~ 1.46s			旁白	

镜号	景别	技巧	场地	内容	时间	音乐	截图参考	备注	台词
46	中景，近景	固定镜头	楼梯	律师看到家门口贴满无良律师	1.46 ～ 1.48s				
47	近景	固定镜头	楼梯	律师看手机	1.48 ～ 1.49s				
48	全景	固定镜头	教室	学生 vs 老师	1.49 ～ 1.50s				不就是因为她的学习成绩好我的差嘛
49	近景	固定镜头	办公室	学生 vs 老师	1.50 ～ 1.52s				
50	特写	固定镜头	教室	老师质问学生	1.52 ～ 1.55s				你说什么
51	全景	固定镜头	教室	学生站起来	1.55 ～ 1.55s				我说 我就是蠢 就是笨 学不会行了吧
52	中景	固定镜头	教室	学生 vs 老师	1.55 ～ 1.57s				
53	特写	固定镜头	教室	撕课本特写	1.57 ～ 1.58s				
54	中景	固定镜头	教室	老师惊讶	1.58 ～ 1.59s				
55	全景	固定镜头	教室	学生扔课本	1.59 ～ 2.00s			旁白	
56	近景	固定镜头	教室	老师神态	2.00 ～ 2.01s			旁白	

镜号	景别	技巧	场地	内容	时间	音乐	截图参考	备注	台词
57	中景	固定镜头	餐厅	职员与职员 b 讨论主管	2.01 ～ 2.07s				又挨批啦
58	中景	固定镜头	办公室	主管与老板对话	2.07 ～ 2.09s				就知道压榨新人欺软怕硬 你看看他在老板面前点头哈腰的样子跟条狗似的 等我找到机会去老板那告他一状
59	中景	固定镜头	办公室	职员与职员 b 讨论主管	2.09 ～ 2.11s				
60	中景	固定镜头	办公室	主管与老板对话	2.11 ～ 2.14s				
61	中景	固定镜头	办公室	职员与职员 b 讨论主管加旁白	2.14 ～ 2.22s			旁白	
62	近景	移镜头	医院	爸爸动手	2.22 ～ 2.27s		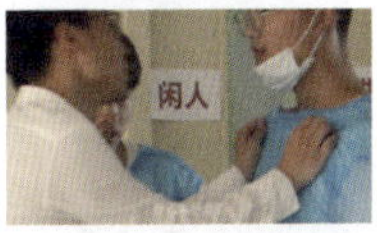		什么叫尽力了 *2 没给你钱 *2
63	中景	移镜头	医院	爸爸撒钱动手打实习医生	2.27 ～ 2.33s			旁白	给你钱 *3
64	黑场过度	黑场过度	黑场过度	黑场过度	2.33 ～ 2.35s				
65	全景	固定镜头	办公室	职员给老板送策划案	2.35 ～ 2.38s				
66	中景	固定镜头	办公室	职员给老板送策划案	2.38 ～ 2.42s				老板 这是新改好的策划案

镜号	景别	技巧	场地	内容	时间	音乐	截图参考	备注	台词
67	近景	固定镜头	办公室	检举主管	2.43 ~ 2.45s				我的主管
68	中景	固定镜头	办公室	老板回应	2.45 ~ 2.48s				你的主管保的了你一次，保不了你第二次
69	近景	固定镜头	办公室	职员得知自己误会主管	2.48 ~ 2.51s		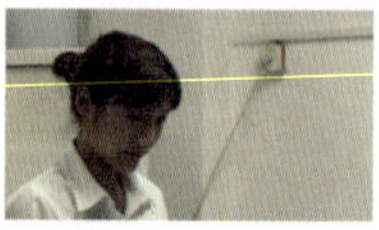		
70	中景	固定镜头	办公室	插叙主管与老板的对话	2.51 ~ 2.59s				不行就直接开掉，不要占用公司名额
71	中景	固定镜头	办公室	插叙主管与老板的对话	3.00 ~ 3.03s				老板，他刚毕业不久，不太有经验，人是聪明人，我觉得还是可以给他一次机会嘛

习题 6

1. 请根据本章中的两个脚本案例翻拍这两个小故事。
2. 尝试着自己写脚本完成一个 1 分钟长度的小故事。

参考文献

[1] 史蒂文•卡茨著．电影镜头设计：从构思到银幕．井迎兆，王旭锋，游飞译．2 版．北京：世界图书出版社公司．
[2] 郭建伟主编．After Effects 数字合成特技．北京：世界图书出版社公司．

随手笔记